GIS 程序设计教程
（第二版）

——基于 ArcGIS Engine 的 C#开发实例

张　丰　杜震洪　刘仁义　汪愿愿　编著

ZHEJIANG UNIVERSITY PRESS
浙江大学出版社 · 杭州

内容提要

这是一本非常适合于 GIS 组件式开发人员入门的教材，主要介绍了组件式 GIS 开发技术，重点是利用 ArcGIS Engine 开发组件库，在 .Net 环境下利用 C♯ 语言进行 GIS 程序开发。全书由浅入深，从组件式 GIS 基本概念入手，介绍了 ArcGIS Engine 10.0 的特性；从地图显示浏览入手，介绍了 GIS 数据的组织与访问、制图渲染与输出、空间数据编辑、GIS 分析及栅格图像处理，涵盖了 GIS 数据采集、编辑、处理、分析、输出等的基本功能；进一步地，分析了 ArcGIS 所提供的功能扩展模块，为 GeoProcessing 及 3D 分析等深入开发提供了案例。

本书适合地理信息系统、遥感等地学专业，以及测绘类、地质类、农林类、水利类等相关专业的本科生、研究生教学使用，也适合测绘、国土资源、城市规划、交通、环境保护等部门的研究和开发人员阅读。

图书在版编目（CIP）数据

GIS 程序设计教程：基于 ArcGIS Engine 的 C♯ 开发实例 / 张丰等编著. —2 版. —杭州：浙江大学出版社，2020.12（2023.8 重印）
 ISBN 978-7-308-20951-9

Ⅰ.①G… Ⅱ.①张… Ⅲ.①地理信息系统—程序设计—应用软件—教材 ②C 语言—程序设计 Ⅳ.①P208.2 ②P312.8

中国版本图书馆 CIP 数据核字（2020）第 251236 号

GIS 程序设计教程——基于 ArcGIS Engine 的 C♯ 开发实例（第二版）
张　丰　等　编著

责任编辑	吴昌雷
责任校对	王　波
封面设计	周　灵
出版发行	浙江大学出版社
	（杭州市天目山路 148 号　邮政编码 310007）
	（网址：http://www.zjupress.com）
排　　版	杭州青翊图文设计有限公司
印　　刷	浙江新华数码印务有限公司
开　　本	787mm×1092mm　1/16
印　　张	14
字　　数	347 千
版 印 次	2020 年 12 月第 2 版　2023 年 8 月第 2 次印刷
书　　号	ISBN 978-7-308-20951-9
定　　价	42.00 元

前　言

地理信息系统(Geographical Information Systems,GIS)作为当代空间信息科学与技术的核心,已渗透到自然与社会科学的各个领域,并关系着国家诸多命脉产业。近年来,社会各领域对 GIS 专业人才(尤其是 GIS 应用与开发人员)的需求与日俱增。

GIS 应用开发型人才培养应以"基础适度、专业拓宽、加强计算机技能培养、提高实践操作能力"为原则,紧跟信息技术的发展步伐,提高 GIS 学习的实践强度和深度,培养其坚实的 GIS 应用与开发能力;以国内外最新研究成果和技术潮流为导向,鼓励接触并掌握前沿知识,用新思维、新方法、新视野解决问题,全面提升个人的专业水准与素质。

本教材的最大优势在于编者的编写理念符合 GIS 技术的教学规律,在教材编写中体现了概念和实践并重;教材的另一优势则在于编者把自己多年教学与科研过程中收集和积累的 GIS 数据及其应用案例提供给读者共享,大大提高了其可读性。书中提供的 GIS 程序开发实例全面分析、讲解了 ArcGIS Engine 的相关组件接口,提供了详尽的可直接编译使用的程序代码,使 GIS 开发的学习过程立竿见影、收效显著。通过实际操作来体会,有助于对组件式 GIS 开发的原理、方法和应用的理解,初步掌握主流 GIS 组件开发平台的组件模型与接口使用。本教材是一套较完整的教学资源,可供不同程度的读者作为对照学习的辅助参考资料。

第 1 章介绍组件式 GIS 程序开发基础知识,介绍、对比了当前国内外应用较广的几种 GIS 组件开发平台;第 2 章介绍 ArcGIS Engine 的基本内容,提供了详细的开发环境部署过程;第 3 章结合地图显示介绍 ArcGIS Engine 提供的系列地图控件及相关组件,详细阐述了空间书签功能模块的编写过程;第 4 章针对地图数据组织方式介绍 ArcGIS 几种常用的空间数据格式及其访问方法,编写了地理属性数据显示功能模块;第 5 章介绍地图制图相关组件,重点分析符号渲染模块,编写了制图输出功能模块;第 6 章就地理数据文件创建、空间和属性信息编辑进行了相应组件介绍与功能模块编写;第 7 章介绍 GIS 分析相关内容,给出了缓冲区分析功能实现;第 8 章阐述了栅格影像处理的相关功能组件、接口及其使用方法,提供了各类栅格空间分析代码实例;第 9 章是在基础 GIS 功能实现的基础上,讨论 GeoProcessing 与 3D 等功能扩展模块及其使用方法,最后将 ArcGIS 控件嵌入 Office 进行扩展应用开发。全书共 9 章,18 个实例,读者根据本教材提供的代码实例可以建立一个具有常规 GIS 显示、处理、分析、栅格操作的 GIS 应用软件。

本书的编著出版要感谢如下同仁给予的大力支持和协助。感谢冯天博士在"开发环境部署""创建与调用 AOI 书签""创建 Shape 文件与添加要素""创建地理数据列表""简单渲染图层""打印页面布局"等实例编写中给予的帮助;感谢沈忠悦老师、浙江大学出版社樊晓燕以及我的研究生们给予的大力支持与帮助。感谢 ESRI 中国(北京)有限公司提供的软件和文档资料的支持。

受作者水平所限,错漏在所难免,欢迎读者不吝提出宝贵的批评和建议,以便再版和重印时改进。

张　丰

2020 年 4 月

目　录

第1章　导　论 …………………………………………………………………………… 1

1.1　GIS 程序设计 ……………………………………………………………………… 1

　　1.1.1　GIS 技术与发展 ……………………………………………………………… 1

　　1.1.2　GIS 开发模式 ………………………………………………………………… 3

　　1.1.3　GIS 开发模式比较与分析 …………………………………………………… 4

1.2　组件化程序设计 …………………………………………………………………… 4

　　1.2.1　COM 概述 ……………………………………………………………………… 5

　　1.2.2　COM 的特性 …………………………………………………………………… 5

　　1.2.3　COM 的结构 …………………………………………………………………… 6

1.3　组件式 GIS ………………………………………………………………………… 8

　　1.3.1　组件式 GIS 体系结构 ………………………………………………………… 9

　　1.3.2　组件式 GIS 的特点 …………………………………………………………… 10

　　1.3.3　组件式 GIS 的不足 …………………………………………………………… 11

1.4　主流 GIS 组件平台 ………………………………………………………………… 12

　　1.4.1　ArcGIS Engine ………………………………………………………………… 12

　　1.4.2　GeoMedia ……………………………………………………………………… 13

　　1.4.3　MapX …………………………………………………………………………… 14

　　1.4.4　TITAN GIS ……………………………………………………………………… 15

　　1.4.5　SuperMap Objects ……………………………………………………………… 16

　　1.4.6　几种主要组件式 GIS 平台功能比较 ………………………………………… 17

第2章　ArcGIS Engine 开发初步 ……………………………………………………… 19

2.1　ArcGIS Engine 概述 ……………………………………………………………… 19

　　2.1.1　ArcGIS Engine ………………………………………………………………… 19

　　2.1.2　ArcGIS Engine 的功能 ………………………………………………………… 20

　　2.1.3　ArcGIS Engine 包含的内容 …………………………………………………… 21

2.2　使用 ArcGIS Engine 开发应用程序 ……………………………………………… 22

2.3　软件安装 …………………………………………………………………………… 25

　　2.3.1　安装 Visual Studio 2010 ……………………………………………………… 25

　　2.3.2　.NET 与 C♯ …………………………………………………………………… 28

　　2.3.3　安装 ArcGIS Engine …………………………………………………………… 33

2.4　ArcGIS Engine 类库介绍 ·· 36
　　2.4.1　对象模型图 ··· 36
　　2.4.2　常用类库概览 ·· 36
2.5　部署一个 ArcGIS Engine 应用程序 ································· 39

第 3 章　地图显示与浏览 ·· 42

3.1　地图控件 ·· 42
　　3.1.1　控件特性 ··· 42
　　3.1.2　地图控件 ··· 44
　　3.1.3　目录树控件 ··· 46
　　3.1.4　工具条控件 ··· 48
　　3.1.5　页面控件 ··· 50
3.2　地图及其相关组件 ··· 52
　　3.2.1　地图组件 ··· 52
　　3.2.2　地图常用接口 ·· 54
3.3　空间书签组件 ·· 56
3.4　创建与调用 AOI 书签 ·· 56
3.5　开发提示——如何判断添加类库引用 ····································· 63

第 4 章　地图数据组织与访问 ·· 67

4.1　数据类型 ·· 67
　　4.1.1　Coverage ··· 67
　　4.1.2　Shapefile ·· 68
　　4.1.3　Geodatabase ·· 69
　　4.1.4　ArcXML ··· 69
4.2　Geodatabase 数据模型 ··· 70
　　4.2.1　Geodatabase 模型结构 ·· 70
　　4.2.2　Geodatabase 数据模型的优点 ·· 71
　　4.2.3　Geodatabase 数据模型的缺点 ·· 72
4.3　Geodatabase 类型 ··· 73
　　4.3.1　文件地理数据库 ··· 74
　　4.3.2　个人地理数据库 ··· 74
　　4.3.3　ArcSDE 地理数据库 ·· 75
　　4.3.4　三种类型的地理数据库比较 ··· 75
4.4　数据访问 ·· 76
　　4.4.1　工作空间工厂及其相关组件 ··· 76
　　4.4.2　打开一个 Shapefile ··· 77
　　4.4.3　打开一个 Access Geodatabase 要素类 ································· 79
　　4.4.4　图层组件 ILayer ·· 79
　　4.4.5　地理数据集组件 ··· 82

4.5　地理数据列表显示 ·· 84

4.6　数据格式转换 ··· 89

4.6.1　地理数据转换组件 ······································ 89

4.6.2　数据转换示例 ··· 90

第 5 章　地图渲染与制图输出 ·································· 95

5.1　地图制作 ·· 95

5.1.1　地理对象的符号化表达方式 ································ 95

5.1.2　地图制图的要求 ·· 96

5.1.3　地图数据准备 ··· 97

5.1.4　地图整饰与输出 ·· 97

5.2　地图显示及其相关组件 ······································ 97

5.3　符号渲染 ·· 98

5.3.1　ArcMap 中的地图渲染 ···································· 98

5.3.2　特征渲染器 Render ····································· 103

5.3.3　图层基本渲染 ··· 108

5.4　制图输出 ·· 114

5.4.1　制图输出相关组件 ······································ 115

5.4.2　打印页面布局 ··· 119

5.4.3　制图文件输出 ··· 124

第 6 章　空间数据处理 ·· 126

6.1　数据创建 ·· 126

6.1.1　创建工作空间 ··· 126

6.1.2　要素工作空间及其相关组件 ································ 127

6.1.3　字段相关组件 ··· 127

6.1.4　地理要素类的创建 ······································ 129

6.1.5　创建一个 Shapefile 文件 ·································· 130

6.2　地理要素编辑 ··· 134

6.2.1　地理要素相关组件 ······································ 134

6.2.2　创建新要素 ··· 138

6.2.3　地理要素交互编辑 ······································ 141

6.3　地图元素编辑 ··· 147

6.3.1　地图元素相关组件 ······································ 147

6.3.2　地图的整饰元素 ·· 151

6.3.3　添加地图元素编辑工具 ··································· 154

第 7 章　GIS 分析 ··· 156

7.1　空间关系查询 ··· 156

7.1.1　数据查询相关组件 ······································ 156

7.1.2 空间关系 ··· 160

7.1.3 空间关系示例 ··· 161

7.2 空间拓扑分析 ·· 163

7.2.1 拓扑操作 ··· 163

7.2.2 缓冲区分析 ··· 165

7.3 数据统计 ·· 168

7.3.1 数据统计 ··· 168

7.3.2 要素统计实例 ··· 169

第 8 章 栅格数据处理 ··· 172

8.1 栅格数据模型 ··· 172

8.2 栅格数据访问 ··· 173

8.2.1 打开栅格工作空间 ·································· 173

8.2.2 获得栅格数据集 ····································· 174

8.2.3 获得栅格目录 ··· 175

8.2.4 创建栅格数据集 ····································· 176

8.3 栅格数据处理 ··· 179

8.3.1 栅格数据格式转换 ·································· 179

8.3.2 栅格影像镶嵌 ··· 180

8.3.3 栅格转换相关组件 ·································· 185

8.4 栅格空间分析 ··· 186

8.4.1 栅格计算 ··· 186

8.4.2 栅格插值 ··· 188

8.4.3 地形分析 ··· 189

8.4.4 栅格统计 ··· 189

第 9 章 ArcEngine 深入开发 ··································· 193

9.1 ArcGIS 扩展模块 ··· 193

9.2 利用 GeoProcessing 实现流程式空间处理 ······· 197

9.2.1 GeoProcessing ····································· 197

9.2.2 利用 ModelBuilder 建立空间处理工具 ···· 197

9.2.3 地理处理相关类库与接口 ······················ 199

9.2.4 在程序中添加 GeoProcessing 处理模型 ··· 203

9.3 3D 分析开发 ·· 204

9.3.1 ArcScene 相关组件与接口 ···················· 205

9.3.2 3D 分析与显示实例 ······························· 207

9.4 在 Office 中嵌入 ArcGIS Engine 开发 ············ 210

参考文献 ·· 215

第 1 章　导　论

地理信息系统（Geographic Information System，GIS）的理论和技术方法已经渗透到自然科学和社会科学的各个领域，社会对地理信息系统专业人才的需求很大，尤其是对 GIS 应用开发人员的需求越来越大。

GIS 应用开发具体表现为一个计算机软件信息系统，既有一般信息系统的普遍特征，又不乏自身的特殊性，主要表现在空间数据的大容量和复杂性方面。本书为组件式 GIS 程序开发，特别是在 .NET 环境下利用 C♯ 语言实现基于 ArcGIS Engine 的 GIS 程序开发教程，可为 GIS 程序开发初学者、兴趣爱好者提供指导。

面向对象的程序设计语言和面向对象的程序设计方法，已经渗入到计算机软件科学的各个领域。随着软件科学的不断发展，新的应用系统越来越复杂，尤其是近几年 Intranet/Internet 的飞速发展，使软件应用置身于更加复杂的环境中，从而对应用软件提出了更高的要求，这就使得软件设计更加困难。在这样的情况下，面向对象的思想已经难以适应这种分布式软件模型，于是组件化程序设计思想得到了迅速的发展。以往的 GIS 软件像其他软件一样，一直是由软件开发商提供全部系统或者具有二次开发功能的软件，不能脱离平台。现在除了提供功能强大的集成式 GIS 平台外，还提供丰富的组件工具，用户可以根据需要，采用高级开发语言自行开发。

1.1　GIS 程序设计

1.1.1　GIS 技术与发展

自 20 世纪 60 年代加拿大第一个地理信息系统问世以来，经过 50 多年的发展，GIS 已经广泛应用于测绘、规划、土地管理、地质、矿山、环境保护、资源调查、城市评估、区域发展、疾病预防、电力、通信、商业、公安、交通、房地产等诸多领域，并在其中发挥越来越大的作用。随着时间的推移和理论技术的发展，特别是计算机技术的发展，地理信息研究与应用已经由系统开发阶段发展到信息共享阶段，再到信息服务阶段，如图 1-1 所示。

20 世纪 60 年代属于 GIS 的起步阶段，由于受当时计算机性能的限制，这个时期 GIS 的主要任务是地图数据输入、地图数据管理、空间数据统计、自动化制图等，地学分析功能极为简单。发展到 20 世纪 70 年代，随着计算机硬件和软件技术的飞速发展，GIS 朝着应用方向迅速发展。这阶段提出了混合数据模型，增强了空间综合分析能力。一些发达国家先后在资源、环境、国土等领域建立了许多专业性的信息系统。一些商业公司开始活跃起来，许多

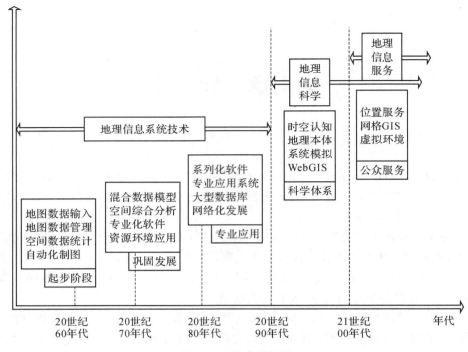

图 1-1　GIS 发展历程

大学和研究机构也开始重视 GIS，GIS 处于一个巩固发展阶段。20 世纪 80 年代，随着计算机性能的不断提高，GIS 的研制和开发也取得了更大的成绩，涌现出了系列化软件平台、专业应用系统，大型数据库开始在 GIS 中得到应用。经过 30 余年的发展，到 20 世纪 90 年代，地理信息系统及遥感等领域已经积累了从理论、技术到应用研究的非常丰富的内容，GIS 事实上已经形成一个新的学科领域（刘南，2002）。

地理信息科学是 1992 年由 GoodChild 提出的。与地理信息系统相比，它更加侧重于将地理信息视作一门科学，而非仅仅是一个技术实现。地理信息科学已经形成一个重要的新兴交叉学科，其主要研究在应用计算机技术对地理信息进行处理、存储、提取以及管理和分析过程中提出的一系列基本问题，包括分布式计算、地理信息的认知、地理信息的互操作、地理数据的不确定性以及 GIS 和社会等。

随着 Internet 应用在全球的迅猛发展，主要采用 HTML、HTTP 与 WWW 等技术实现的 Internet 应用所带来的优越性已经开始在 GIS 的研究领域中逐步被认识到。WebGIS 是 Internet 技术应用于 GIS 开发的产物。通过因特网上的任意一个节点，用户可以浏览 WebGIS 站点中的空间数据、制作专题图、进行各种空间检索和空间分析。随着分布式网络技术的发展以及"数字地球"概念的提出，传统的 GIS 正向着信息共享和开放的网络 GIS 发展，Internet 技术正在改变整个世界。

1996 年以前出现的由 WebGIS 提供的地理信息服务仅仅是地理信息分发，是单纯的地图服务器。1996 年以后，随着 Internet 技术的飞速发展，地理信息服务也从地理信息分发步入地理信息共享。到了 21 世纪，Web Services 概念、面向服务的软件体系结构思想的兴起为实现真正意义上的地理信息服务开辟了新的道路。基于 Web 服务技术的 GIS 门户已经开始具备进行多个异构系统交互、完成更为高级的 GIS 处理与分布式地理信息服务等功能。地理信息服务改变了 GIS 的设计和应用模式,有效地解决了空间信息共享与互操作的难题,是 GIS 发展的必然趋势。

GIS 的发展得益于计算机技术的进步,地球信息科学的发展已经经历了从地理信息系统—地理信息科学—地理信息服务的不同阶段的"质"的飞跃。

1.1.2　GIS 开发模式

地理信息系统根据其内容可分为两大基本类型:一是应用型地理信息系统,包括专题地理信息系统和区域综合地理信息系统;二是工具型地理信息系统,即 GIS 工具软件包,如 ArcGIS、SuperMap 等,具有空间数据输入、存储、处理、分析和输出等功能。随着地理信息系统应用领域的扩展,应用型 GIS 的开发工作日显重要。如何针对不同的应用目标,高效地开发出既合乎需要又具有方便、美观、丰富的界面形式的地理信息系统,是 GIS 开发者非常关心的问题。

GIS 软件走过了几十年的发展历程,发展到了组件式 GIS 阶段。传统 GIS 虽然在功能上已经比较成熟,但是由于这些系统多是基于十多年前的软件技术开发的,受当时技术条件的限制,存在许多固有的缺陷,这些系统基本上属于独立封闭的系统。同时,这些 GIS 软件由于用户需求不断增加,功能一再扩充,变得日益庞大。其结果是用户难以掌握,费用昂贵,阻碍了 GIS 的普及和应用。组件式 GIS 的出现为解决集成式 GIS 面临的多种问题提供了全新的思路。

GIS 常用开发模式主要有三种:独立开发、单纯二次开发、集成二次开发。

1. 独立开发模式

独立开发模式不依赖于任何 GIS 工具软件,从空间数据的采集、编辑到数据的处理分析及结果输出,所有的算法都由开发者独立设计,然后选用某种程序设计语言在一定的操作系统平台上编程实现。这种方式的好处在于无须依赖任何商业 GIS 工具软件,减少了开发成本。但是,对于大多数开发者来说,由于能力、时间、财力方面的限制,其开发出来的产品很难在功能上与商业化 GIS 工具软件相比。

2. 单纯二次开发模式

单纯二次开发模式指完全借助于 GIS 工具软件提供的开发语言进行应用系统开发。GIS 工具软件大多提供了可供用户进行二次开发的宏语言,如 ESRI 的 ArcView 提供了 Avenue 语言、MapInfo 公司研制的 MapInfo Professional 提供了 MapBasic 语言等。用户可以利用这些宏语言,以原 GIS 工具软件为开发平台,开发出自己的针对不同应用对象的应用程序。这种开发方式继承了平台软件的所有 GIS 功能,容易掌握,开发起来省时省力。但受二次开发的宏语言限制,所开发的应用系统功能扩展能力极弱,难以解决复杂问题,开发的应用程序不尽如人意。

3. 集成二次开发模式

集成二次开发模式是指利用专业的 GIS 工具软件,如 ArcInfo、MapInfo、SuperMap 等,实现 GIS 的基本功能,以通用软件开发工具尤其是可视化开发工具,如 C♯ . NET、Visual C++、Delphi、Visual Basic、Java 等为开发平台,进行二者的集成开发。

集成二次开发模式目前主要有以下两种方式:

(1)OLE/DDE。此方法采用 OLE Automation 技术或利用 DDE 技术,用软件开发工具开发前台可执行的应用程序,以 OLE 自动化方式或 DDE 方式启动 GIS 工具软件在后台执行,利用回调技术动态获取其返回信息,实现应用程序中的地理信息处理功能。

(2)GIS 控件。此方法利用 GIS 工具软件生产厂家提供的建立在 OCX 技术基础上的 GIS 功能控件,如 ESRI 的 ArcGIS Engine、MapInfo 公司的 MapX、SuperMap 公司的 SuperMap Objects 等,在高级编程语言环境中,直接将 GIS 控件嵌入其中,调用组件实现地理信息系统的各种功能。

1.1.3　GIS 开发模式比较与分析

由于独立开发难度太大,开发出来的产品在功能上很难与商业化工具软件相比,这种低水平重复开发的结果往往是人力、物力、财力的极大浪费。单纯二次开发受 GIS 工具提供的编程语言的限制,功能效果不尽如意。相比之下,结合 GIS 工具软件与当今可视化开发语言的集成二次开发方式就成为 GIS 应用开发的主流方式。它的优点是既可以充分利用 GIS 工具软件对空间数据的管理、分析功能,又可以利用其他可视化开发语言具有的高效、方便等编程优点,集二者之所长,不仅能大大提高应用系统的开发效率,而且使用可视化软件开发工具开发出来的应用程序具有更好的外观效果、更强大的数据库功能,可靠性好、易于移植、便于维护。

相比较三种开发模式,集成二次开发模式成为 GIS 开发的主流方向。与利用 OLE Automation 技术作为服务器的 MapInfo 相比,利用控件开发速度快,占用资源少,而且易实现许多底层的编程和开发功能。目前许多软件公司开发了很多 ActiveX 控件。合理选择和运用现成的控件,可减少开发者的编程工作量,使开发者避开某些应用的具体编程,直接调用控件,实现具体应用。这不仅可以缩短程序开发周期,使编程过程更简洁、用户界面更友好,而且可以使程序更加灵活、简便。

1.2　组件化程序设计

组件是指已经编译、链接好并可以使用的二进制代码模块,每一个模块可以运行在同一台机器上,也可以运行在局域网、广域网及 Internet 上的不同机器上。多个组件粘合起来可以形成单独而复杂的应用程序。组件间通过组件提供的接口进行通信。

组件化程序设计思想的出现是用来解决传统软件开发周期长、维护困难、难以扩展等问题的。它不同于传统的结构化程序设计方法,也不同于面向对象程序设计方法,更注重于应用系统的全局。

组件技术中的关键技术之一是接口通信问题。在同一软件中的组件必须使用同样的接口标准才能保证组件之间可以进行通信。为此,国际上 OMG 对象管理组织和 Microsoft 公司分别提出了 CORBA(Common Object Request Breaker Architecture,公共对象请求中介体系结构)和 COM(Component Object Model,组件对象模型)标准。目前,CORBA 主要应用于 UNIX 操作系统平台上;而 COM 则主要应用于 Microsoft Windows 操作系统平台上。

1.2.1　COM 概述

COM 是 Component Object Model(组件对象模型)的缩写。从起源上讲,COM 标准是在 OLE 技术发展过程中产生的。OLE 技术以 COM 规范为基础,充分发挥 COM 标准的优势,使 Windows 操作系统上的应用程序具有极强的可交互性。这几年,网络技术飞速发展,OLE 技术在进行网络互联时显示出了很大的局限性,而 COM 则表现出了极强的适应能力。因此,伴随着网络的发展,COM 也得到了展示的机会。

COM 不仅定义了组件程序之间进行交互的标准,而且也提供了组件程序运行所需要的环境。COM 提供了一个 COM 库(COM library),用户使用其应用程序编程接口(API)能实现组件的查询,以及组件的注册/反注册等一系列服务。COM 库主要应用于 Microsoft Windows 操作系统平台上。COM 通常以 Win32 动态链接库(DLL)或可执行文件(EXE)的形式发布。

COM 不是一种面向对象的语言,而是一种二进制标准。它定义了组件对象之间基于这些技术标准进行交互的方法。简单说来,COM 是一种以组件为发布单元的对象模型,这种模型使各软件组件可以用一种统一的方式进行交互。COM 是一种网络标准,可用于软件组件间跨越多个进程、机器、硬件和操作系统进行互操作。COM 组件对象之间交互的规范不依赖于任何特定的语言,COM 也可以是不同语言协作开发的一种标准。换言之,它允许任意两个组件互相通信,而不管它们是在什么计算机上运行,不管各计算机运行的是什么操作系统,也不管该组件是用什么语言编写的。

组件技术有以下优点:

(1)简化应用开发。组件开发商已经编制好了大量的组件模型,因此减少了用户开发的工作量,使开发周期大大缩短,开发成本大大减低。

(2)增加应用软件的灵活性。应用软件是在组件上编制的,对于使用者的不同要求,往往只要通过更换、修改一个或几个组件就可以实现。

(3)维护方便。

1.2.2　COM 的特性

面向对象技术有三个最基本的特性:封装性、多态性、重用性。COM 是一种面向对象的二进制标准,可以实现不同语言开发的对象之间的交互。COM 定义了一种提供和享用通用的软件服务的方法,简化了软件开发,统一了传统的库程序、其他独立的当地过程系统调用以及远程过程等的服务方式,改变了软件的生产方式。

1. 封装性

所谓封装,就是把客观事物的本质特性封装成抽象的类,通过类的定义并给类的属性和方法加上访问控制。从语法上讲封装就是加上 private、protected、public 等关键词,只让可信的类或者对象操作,对不可信的进行信息隐藏。COM 对象的封装特性是很彻底的,所有的对象状态信息必须通过接口才能访问。

2. 多态性

多态是指为同名的方法提供不同的实现的能力。它从另外一个角度分割了接口和实现，即把"什么"和"如何"两个概念分离开来。COM 的多态性完全通过接口体现出来。而且，COM 分别在三个层次上体现了多态性：接口成员函数、单个接口、一组接口。

3. 重用性

所谓重用性是指，当一个程序单元能够对其他的程序单元提供功能服务时，尽可能地重用原先程序单元的代码，既可以在源代码一级重用，也可以在可执行代码一级重用。

C++ 语言的重用性位于源代码一级，一个类可以继承于另一个类，从而把父类的功能重用。但对于 COM 组件则情形有所不同，因为 COM 是建立在二进制代码基础上的标准，所以其重用性也必然建立于二进制代码一级。

COM 重用性是指一个 COM 对象如何重用已有的 COM 对象的功能，而不是重复实现老的功能服务。按照 COM 的标准，实现这种重用性有两条途径：包容和聚合。

4. 语言无关性

COM 是一套二进制对象的规范，COM 建立在严格的标准之上，只要提供的组件符合一定的准则，并不关心用什么语言开发系统。不管是什么开发语言，只需按照 Microsoft 的 ActiveX 控件标准开发接口就可以实现 COM 提供的基本功能函数。对于应用开发者而言，只需熟悉基于 Windows 平台的通用集成开发环境，以及控件的属性、方法和事件，就可以完成应用系统的开发和集成。目前，可供选择的开发环境很多，如 Visual C++、Visual Basic、Visual FoxPro、Borland C++、Delphi、C++Builder 以及 Power Builder 等。

5. 进程透明性

客户程序创建 COM 对象具有进程透明特性，不管是进程内组件还是进程外组件，客户程序可以使用一致的方法创建 COM 对象。对于进程内组件，无论是创建过程，还是客户程序对接口函数的调用过程，都可以按照一般的同一进程内部函数调用的过程来理解组件和客户之间的交互操作；但对于进程外组件，实际的情形要复杂得多，因为组件用户程序拥有不同的进程空间，所以，它们之间所有的交互过程都涉及进程之间的通信过程。然而，COM 客户程序创建进程外组件程序成功后，它就得到了组件对象的一个接口指针，通过该指针间接调用组件对象的成员函数，如同调用本进程内的函数一样，这正是 COM 所期望达到的透明效果。

1.2.3　COM 的结构

COM 所建立的是一个软件模块与另一个软件模块之间的链接。当这种链接建立之后，模块之间就可以通过称为"对象接口"(interface on object)的机制来进行通信，进而实现 COM 对象与同一程序或者其他程序甚至远程计算机上的另一个对象进行交互，而这些对象可以是使用不同的开发语言、以不同的组织方式开发而成的。COM 定义了一种基础性接口，这种接口为所有以 COM 为基础的技术提供了公共函数。COM 允许组件对其他组件开放其功能调用,既定义了组件如何开放自己以及组件如何跨程序、跨网络实现这种开放,也定义了组件对象的生命周期。

在 COM 规范中,对象与接口是最核心的部分,如图 1-2 所示。COM 接口是指向由对象实现的函数的指针表。COM 对象被很好地封装起来,客户访问 COM 对象的唯一途径是通过 COM 接口。COM 不是一种计算机语言,不是 DLL,不是函数集,也不是类库,而是一种标准和技术方法。

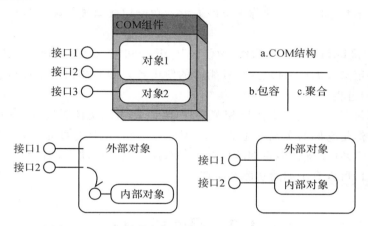

图 1-2　COM 结构与重用模式(刘仁义、刘南,2006)

1. COM 对象

对象是 COM 的基本要素之一。与 C++ 中对象的概念类似,对象是某个类的实例,而类则是一组相关的数据和操作的组合。与 C++ 中对象不同的是,COM 对象的数据完全封装在对象内部,对于对象使用者(通常称为客户)而言是不可见的。COM 服务器和客户可能在不同的模块、进程甚至机器上运行,客户通过接口成员函数访问服务器对象的数据。COM 对象的可重用性表现在 COM 对象的包容和聚合,一个对象可以完全使用另一个对象的所有功能,而 C++ 对象的可重用性表现在 C++ 类的继承性。

每一个 COM 对象(的类)由一个 128 位的全局唯一标识符(Globally Unique Identifier,GUID)来标识,COM 客户通过这一标识符来调用并实例化 COM 对象。GUID 通常由系统随机生成,可以在概率上保证其全球唯一性。

2. COM 接口

COM 接口是一组逻辑上相关的函数集合,其函数也被称为接口成员函数。习惯上在接口名的前面冠以"I"表示接口(Interface),如 IUNKNOWN。COM 规范允许一个对象实现多个接口,因此 COM 对象的多态性可以在每个接口上得以实现。利用 COM 对象的多态性,COM 客户可以用一种方法调用不同的 COM 服务。

同 COM 对象一样,每一个 COM 的接口都由一个 128 位的 GUID 来标志。COM 客户通过 GUID 获得接口的指针,再通过接口指针调用相应的成员函数。接口设计必须满足:

(1)必须直接或间接地从 IUNKNOWN 接口继承;

(2)接口必须有唯一的标识符号。

COM 具有接口不变性,即一旦分配和公布了 GUID,接口定义的任何因素都不能改变。

3.类和接口

用 COM 开发意味着使用接口,也可以称为基于接口的设计模型。对象间的所有通信都是通过它们的接口来进行的。COM 接口是抽象的,意味着相关的接口没有实现,和接口相关的代码来自于一个类实现。如何实现接口,对于不同对象是不同的,因此对象只是继承接口的类型,而不是它的实现,这称为类型继承。功能用接口被抽象地构造,并且用类去真正实现。

在 COM 中接口和类通常被当作"做什么"(what)和"怎么做"(how)。接口定义一个对象能做什么,类定义它怎么去做。COM 组件的使用者只需要知道这个接口能做什么,而不需要知道实现的过程。

COM 类提供了一个或多个接口相关的代码,因此功能实体封装在类中。几个类可以有同样的接口,但是它们的实现可能是极不相同的。通过实现这些接口,COM 实现了面向对象的多态性,COM 不支持多重继承概念,然而,这不是一个缺点,因为一个类可以实现多个接口,不同接口可以有不同的功能和实现。

1.3　组件式 GIS

传统的 GIS 虽然在功能上已经比较成熟,但是由于这些系统多是基于较早期的软件技术体系设计开发的,在很大程度上限制了 GIS 软件进一步的发展和应用。在信息技术日益复杂化和综合化的今天,传统 GIS 技术由于开发负担重、集成困难、二次开发语言复杂、普及困难等缺点,面临越来越严峻的挑战。因此,迫切需要一种新型的 GIS 软件技术体系,以满足日益增长的 GIS 应用需求,并跟上软件技术发展的潮流。组件式 GIS 技术正是这样一种全新的 GIS 软件技术体系,它的出现为传统 GIS 面临的多种问题提供了全新的解决思路。

组件式 GIS(COM GIS)是 GIS 技术与组件技术结合的产物。组件式 GIS 的基本思想是:把 GIS 的各种功能模块进行分类,划分为不同类型的控件,每个控件完成各自相应的功能;各个 GIS 控件之间以及 GIS 控件与其他非 GIS 控件之间可以方便地通过可视化的软件开发工具集成起来,形成满足用户特定功能需求的 GIS 应用系统。控件如同一堆各式各样的"汽车部件",它们分别实现不同的功能(包括 GIS 和非 GIS 功能)。根据需要把实现各种功能的"部件"搭建起来,就构成一辆能够完成各种功能的"信息汽车"(应用系统),前提条件是这些汽车部件必须符合一定的标准规范。

长期以来,GIS 开发周期长、难度大,在一定程度上制约了 GIS 的发展。组件式 GIS 的出现为新一代 GIS 应用提供了工具。组件式 GIS 系统与传统各类 GIS 系统相比具有许多特点。把 GIS 功能适当抽象,以组件形式供开发者使用,将会带来许多传统 GIS 工具无法比拟的优点。

1.3.1　组件式 GIS 体系结构

组件式 GIS 开发平台通常设计为三级结构。

1.基础组件

基础组件处于平台最底层,是整个系统的基础,主要面向空间数据管理,提供基本的交互过程,并能以灵活的方式与数据库系统连接。

2.高级通用组件

高级通用组件面向通用功能。高级通用组件由基础组件构造而成。它们面向通用功能,简化用户开发过程,如显示工具组件、选择工具组件、编辑工具组件、属性浏览器组件等。它们之间的协同控制消息都被封装起来。这级组件经过封装后,使二次开发更为简单。例如,一个编辑查询系统,若用基础平台开发,需要编写大量的代码,而利用高级通用组件,只需几句程序就够了。

3.行业性组件

行业性组件抽象出行业应用的特定算法,固化到组件中,进一步加速开发过程。除了需要地图显示、信息查询等一般的 GIS 功能外,还需要特定的行业应用功能。例如,水利行业应用中需要洪水预警模型、流域规划模型、库容计算模型、洪水淹没算法等。这些专业应用功能组件被封装起来后,开发者的工作就可简化为设置各类参数,以及调用、接收数据的方法等。

各个 GIS 控件之间以及 GIS 控件与其他非 GIS 控件之间可以方便地通过可视化的软件开发工具集成起来,形成最终的 GIS 应用。控件如同一堆各式各样的积木,它们分别实现不同的功能(包括 GIS 和非 GIS 功能),根据需要把实现各种功能的"积木"搭建起来,就构成应用系统。

传统 GIS 软件与用户或者二次开发者之间的交互,一般通过菜单或工具条按钮、命令以及 GIS 二次开发语言进行。组件式 GIS 与用户和客户程序之间则主要通过属性、方法和事件进行交互。

属性(properties)指描述控件或对象性质(attributes)的数据,如 BackColor(地图背景颜色)等。可以通过重新指定这些属性的值来改变控件和对象性质。在控件内部,属性通常对应于变量(variables)。

方法(methods)指对象的动作(actions),如 Show(显示)、AddLayer(增加图层)、Open(打开)、Close(关闭)等。通过调用这些方法可以让控件执行诸如打开地图文件、显示地图之类的动作。在控件内部,方法通常对应于函数(functions)。

事件(events)指对象的响应(responses)。当对象进行某些动作时(可以是执行动作之前、动作进行过程中或者动作完成后)激发一个事件,以便客户程序介入并响应这个事件。例如,用鼠标在地图窗口内单击并选择一个地图要素,控件产生选中事件,通知客户程序有地图要素被选中,并传回描述选中对象的个数、所属图层等有关选择集信息的参数。

属性、方法和事件是控件的通用标准接口,适用于任何可以作为 ActiveX 包容器的开发语言,具有很强的通用性。目前,由于可以嵌入组件式 GIS 控件,集成 GIS 应用的可视化开发环境很多,根据 GIS 应用项目的特点和用户对不同编程语言的熟悉程度,可以比较自由地选择合适的开发环境。

1.3.2　组件式 GIS 的特点

组件式 GIS 以组件式软件技术为重要基础,是面向对象技术和组件技术在 GIS 软件技术开发中的应用。组件式 GIS 控件与其他软件通过标准接口进行通信,实现跨程序、跨计算机、跨网络的分布式操作。组件式 GIS 能够将 GIS 功能嵌入到其他(非 GIS)软件中去,或者将其他软件功能引进到 GIS 软件平台上来,从而使 GIS 技术与其他软件技术的集成成为可能。这些都体现了组件式 GIS 的独特优势。组件式 GIS 为新一代 GIS 应用提供了全新的开发工具,同传统的 GIS 相比较,具有多方面的特点。

1. 集成灵活、价格便宜

由于传统 GIS 结构的封闭性,软件本身往往变得越来越庞大,系统的开发难度较大,不同系统的交互性差。在组件模型下,各组件都集中地实现与自己最紧密相关的系统功能,用户可以根据实际需要选择所需的组件。

组件化的 GIS 平台集中提供空间数据管理能力,能以灵活的方式与数据库系统连接。GIS 组件提供空间数据的采集、存储、管理、分析和模拟等基本功能,非 GIS 功能可以使用其他专业厂商提供的专门组件。在保证功能的前提下,系统表现得小巧灵活,而且价格便宜,一般仅是传统 GIS 开发工具的十分之一,甚至更少。这种方式有利于降低 GIS 软件开发成本,最大限度地降低用户的经济负担。

2. 采用通用开发语言集成

传统 GIS 虽然具有独立的二次开发语言,但功能拓展开发往往受到限制,难以处理复杂问题。而组件式 GIS 建立在严格的标准之上,不需要额外的 GIS 二次开发语言,只需按照 Microsoft 的 ActiveX 控件标准开发接口实现 GIS 的基本功能函数。这有利于减轻 GIS 软件开发者的负担,而且增强了 GIS 软件的可扩展性。GIS 应用开发者不必掌握额外的 GIS 开发语言,只需熟悉基于 Windows 平台的通用集成开发环境,以及 GIS 各个控件的属性、方法和事件,就可以完成应用系统的开发和集成。

目前,可供选择的开发环境很多,如 C♯、NET、Visual C++、Java、Visual Basic、Visual FoxPro、Borland C++、Delphi、C++Builder 以及 Power Builder 等都可直接成为组件式 GIS 的优秀开发工具,它们各自的优点都能够得到充分发挥。这与传统 GIS 专门性开发环境相比,是一种质的飞跃。

3. 强大的 GIS 功能

GIS 组件提供了 GIS 平台所应具备的基本功能,包括拼接、裁剪、叠合、缓冲区等空间处理能力和丰富的空间查询与分析能力。无论是管理大规模数据的能力还是处理速度均不比传统 GIS 软件逊色。

4. 开发简捷、使用方便

GIS 组件可以直接嵌入应用系统的开发工具中，对于广大开发人员来说，这就意味着他们可以自由选用熟悉的开发工具。而且，GIS 组件提供的 API 形式非常接近系统工具的模式，开发人员可以像管理数据库表一样熟练地管理地图等空间数据，无须对开发人员进行特殊的培训。这将使大量的应用系统开发人员能够较快地过渡到各类 GIS 专业应用系统的开发工作中，从而大大加速 GIS 的开发进程。

5. 无缝集成

组件式 GIS 构造应用系统只实现 GIS 自身的功能，其他功能则由其他组件实现。组件之间的联系则由可视化的通用开发语言实现。通用开发语言建立了软件的框架，软件的功能部件由组件实现。通过组件之间的消息传递，组件间互相调用，协同工作，从而实现了系统组件之间的高效、无缝集成。

6. 可视化界面设计

凡是可以使用 ActiveX 控件的开发语言几乎都支持可视化程序设计。因此，使用组件式 GIS 控件集成应用系统，能可视化地设计系统界面，在窗口上布局按钮、列表框、图片框等，可以立即反馈窗口界面的外观，实现所见即所得的界面设计。而传统的 GIS 软件进行二次开发则需要反复的猜测和实验。

7. 更加大众化

组件式技术已经成为计算机软件开发的标准，用户可以像使用其他 ActiveX 控件一样使用 GIS 控件，使非 GIS 领域的开发人员也能够开发和集成 GIS 应用系统，推动了 GIS 大众化进程。组件式 GIS 的出现，不仅提供了专业分析工具，同时也为普通开发人员的地理相关数据的可视化管理提供了方法。

1.3.3　组件式 GIS 的不足

（1）与通用的 GIS 平台软件相比，采用组件技术不可避免地会带来效率上的相对低下。这个效率低下不是绝对的，而是相对的。但是这也可能会变成一个优点，因为撇开了冗余功能，反而会减轻负担，让应用系统运行更简捷、流畅。

（2）支持的空间数据格式和数据量有限。

（3）支持的功能有限。开发系统功能的强弱依赖于提供使用的组件功能强弱，虽然也可以作适当扩充，但始终不及底层直接实现来得自由。

（4）系统的可靠性、容错性有待提高。因为不知道组件内部的实现过程，很难查明运行出错的真正原因。

1.4　主流 GIS 组件平台

在 GIS 组件化的影响下,GIS 也同其他软件一样,已经或正在发生着革命性的变化,即由过去厂家提供全部系统或者具有二次开发功能的软件,过渡到提供组件由用户自己再开发的方向上来。无疑,组件式 GIS 技术将给整个 GIS 技术体系和应用模式带来巨大影响。

大多数 GIS 软件公司都把开发组件式软件作为一个重要的发展战略,众多国内外 GIS 软件商纷纷推出或升级已有的组件式 GIS 软件系统。

1.4.1　ArcGIS Engine

ArcGIS Engine 是美国 ESRI 研制的 ArcInfo 软件,是世界上应用最广的软件之一。ESRI 在积累了 30 年 GIS 理论研究和产品开发经验的基础上推出了 GIS 组件产品 ArcObjects。

ArcObjects 包括构建 ArcGIS 产品 ArcView、ArcEditor、ArcInfo 和 ArcGIS Server 的所有核心组件。使用 ArcObjects 可以创建独立界面版本(stand-alone)的应用程序,或者对现有的应用程序进行扩展,为 GIS 和非 GIS 用户提供专门的空间解决方案。ArcObjects 同时也提供了 COM、.NET 和 C++的应用程序编程接口(API)。这些编程接口不仅包括了详细的文档,还包括一系列高层次的组件,使得临时的编程人员也能够轻易地创建 ArcGIS 应用程序。图 1-3 展示了 ArcObjects 在 ArcGIS 中与其他组件的关系。

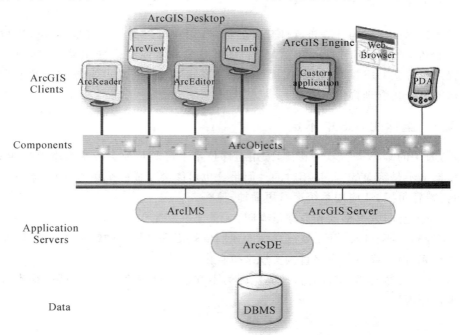

图 1-3　ArcObjects 在 ArcGIS 中与其他组件的关系(ESRI)

ArcGIS Engine 是 ArcObjects 组件跨平台应用的核心集合,它提供多种开发的接口。ArcGIS Engine 可用来建立广泛的 GIS 应用,并在应用中嵌入 GIS 功能。有些 GIS 部门想为其终端用户创建特定的附带工具的 GIS 浏览窗口,有些则把一部分 GIS 功能与其他工具结合,去完成一些重要的任务和工作流程。特定的、轻量级的 GIS 应用可以作为独立的应用程序,也可以嵌入到其他应用中。因此,ArcGIS Engine 可以有以下几个使用方式:

(1)在应用程序中嵌入 GIS 逻辑;

(2)构建和配置 GIS 应用程序;

(3)在其他应用程序中嵌入 GIS 控件和地图对象;

(4)用 C++或 Java 建立跨平台的应用。

ArcGIS Engine 可以在 Windows、UNIX 和 Linux 桌面上运行并支持一系列的应用软件开发,除了支持 COM 环境外,ArcGIS Engine 还支持 C++、.NET 和 Java,使开发者能够跨操作系统、选择多种开发架构进行开发。

1.4.2　GeoMedia

GeoMedia 是美国 Intergraph 公司推出的组件式地理信息系统软件,也是第一个本身采用组件式开发集成的 GIS 系统。全新的多源数据无缝连接设计思想和先进的数据库管理方式,使得 GeoMedia 与传统的 GIS 相比有着鲜明的技术优势。

1.多源数据无缝集成

GeoMedia 目前可以直接读取国际上绝大多数 GIS 软件的空间数据和属性数据,还可同时把几种不同格式的数据集成在一个坐标系环境中进行空间分析和查询。GeoMedia 可以直接读取的格式有:MGE、FRAMME、ArcInfo、MapInfo、SmallWord、SICAD、Oracle relational、SQL Server、MS Access、MGE Segment Manager 和 CAD 文件(包括 AutoCAD 和 MicroStation)。GeoMedia 也可输出为其他 GIS 及 CAD 格式。

2.先进的数据库管理方式

GeoMedia 是应用空间数据仓库技术的 GIS 平台,内嵌关系数据库引擎,可对 Oracle、SQL Server、Access 等专业数据库直接进行数据读写。空间数据仓库通过工业标准数据库对空间数据和属性数据统一动态的管理,还可以实现多进程、多线程、内存缓冲、快速索引、数据的完整性、一致性、分布性、并发控制、安全与恢复等特性。

3.功能强大的二次开发环境

GeoMedia 使用了最新的 OLE/COM 开发技术,提供了一系列功能较强大的标准开发对象和控件,用户只要利用一种常用开发工具(Visual Basic、Vicual C++、Delphi、Power Builder 等)即可完成应用系统开发工作。基于控件的 GeoMedia 开发模式简单、方便,易于使用,有利于开发人员在较短的时间内接受,开发周期短。

4.数据格式标准

GeoMedia 没有自己专有的数据格式,该系统的全部数据都由大型商用数据库系统托管,数据标准采用 Microsoft Access、Oracle、SQL Server 等数据库的标准,因此 GIS 数据库与其他系统可以进行真正的数据共享和交流,符合开放式 GIS(Open GIS)的发展潮流。

5. 全面的高性能数据获取工具

GeoMedia 提供了多种方法用于放置和编辑弧段特征,用户可以使用标准编辑命令编辑弧段(如 trim、extend、break、split、copy 等);具有多边形或线状特征的分离与合并工具;提供动态验错功能,提高了数据入库质量;具有智能数据获取功能,保证地理特征之间的邻接和拓扑关系的工具;提供了"智能绘图"工具。

6. 与办公自动化系统结合

GeoMedia 能将项目中的空间数据和属性数据以数据库的形式嵌入到其他 OA 办公自动化系统中(如 Lotus、Microsoft Office 等),使 GIS 系统和办公自动化系统共享同一数据库。另外,GeoMedia 还集成了大多数桌面和办公自动化的应用工具,能直接链接到微软的办公自动化软件(如 Word 或 Excel 等)系统中。

1.4.3 MapX

MapX 是美国 MapInfo 公司在其开发的可视化地图组件 DataMap 基础上向用户提供的具有强大地图分析功能的 ActiveX 控件产品。MapX 以 OCX 的方式提供了真正的对象连接与嵌入式 OLE 的地理信息系统应用开发方案。MapX 采用基于 MapInfo Professional 的图形内核技术和地图数据格式,其强大的、多层的对象模型支持多对象、时间以及上百个方法和属性。利用 MapX,能够简单快速地在专业应用系统中嵌入地图化功能,增强系统应用的空间分析能力。

MapInfo 有以下产品特性。

1. 使用标准开发工具

MapInfo MapX 支持的可视化开发工具包括 Microsoft Visual Basic、Borland's Delphi 或 Microsoft Visual C++等。MapX 作为 ActiveX 控件,真正实现了对象链接与嵌入的开发方式,提高了应用程序的开发速度。

2. 空间数据访问和数据库支持

MapX 的空间服务器访问(SSA)通过 ODBC 连接支持访问企业数据库 Orcale、DB2、Informix、Sybase、SQL Server、Access 等;通过 ODBC 连接支持 SpatialWare+informix/DB2/Oralce/SQL Server 的空间数据访问;通过 OCI 预取机制获取保存在 Oracle Spatial 中的数据。

3. 地图选择工具

通过拖动鼠标在地图窗口中选择位于某点、矩形区域内、圆域内多边形内或区域边界内的地图对象。MapX 支持圆形和矩形选择的动态选择模式,即在拖动鼠标的同时就可以选择对象,不必再等到释放鼠标按钮才看到所选对象。

4.栅格图像和格网的支持

MapInfo MapX 将卫星图片、航片、遥感图像、扫描图像、格网(MIG)等图像以图层方式加入地图窗口进行管理,并作为背景显示。MapX 支持栅格图像和格网的半透明显示,透明程度在 0 至 100％之间可随意调节。

5.专题图

MapInfo MapX 通过颜色渲染、符号大小、标注在地图上来表现属性数据,增加数据的可视性。专题图包括范围图、等级符号图、点密度图、饼图、直方图以及标注专题图等。

6.远程空间数据服务器

MapInfo MapX 可以访问存储在 Oracle Spatial 中的远程地图数据。空间数据服务器提供的快速查询处理能力能提高空间数据访问的效率。

另外该产品还包括对象编辑与处理、标注、查询、MapX 提供的标准工具、图层管理等。

1.4.4 TITAN GIS

TITAN GIS 软件是加拿大阿波罗科技集团最近向中国市场推出的地理信息系统开发软件。TITAN GIS 主要采用嵌入式开发体系,以组件方式为开发者提供灵活的开放式界面,同时开发者对应用系统拥有完整的版权。开发人员可利用 Visual Basic、Visual C++、Power Builder、Delphi 等开发工具开发出有自主版权的 GIS 应用系统,开发完成的应用软件可脱离 TITAN GIS 的开发环境。

TITAN GIS 的功能主要包括:

(1)提供完整的 GIS 数据结构和分析操作功能,支持的数据结构包括点、线、面、注记、拓扑关系、栅格数据结构、TIN 及 NETWORK,提供方便的建库和完整的 GIS 分析功能;

(2)灵活方便的数据表操作功能,提供 ODBC 与外部数据库的接口,提供标准的 SSQL 语言,用户可用类似操作关系型数据库的形式操作空间数据库及进行空间分析;

(3)为一般用户提供标准的桌面 GIS 用户界面,具有功能强大的查询显示及专业制图功能,同时支持网络分析和地址匹配;

(4)具有真正的三维地形分析功能,包括三维透视、光照模型、淹没区域和边界分析、水利工程规划和计算、结合土地利用和其他属性信息进行风险灾害预测评估等。

此外,TITAN GIS 软件还提供了一系列功能强大的 GIS 工具包和函数库,帮助开发人员实现各种完整的 GIS 系统解决方案。其嵌入式体系结构为开发者提供了 Spatial standard Query Language(SSQL)空间查询和分析语言以及 GIS 功能函数库,它所提供的嵌入式结构和二次开发方式,可为开发商及用户带来以下好处:应用系统的全面自主版权;全方位的功能可裁剪性;根据应用的需求灵活嵌入 GIS 功能;随最终用户数量增加,产品成本急剧下降。

1.4.5　SuperMap Objects

SuperMap Objects 是中国北京超图软件股份有限公司基于超图共相式 GIS 内核进行开发的、采用 Java 和 . NET 技术的组件式 GIS 开发平台。共相式 GIS 内核采用标准 C++ 编写，实现基础的 GIS 功能；SuperMap Objects 的 . NET 组件采用 C++/CLI 进行封装，是纯 . NET 的组件；SuperMap Objects 的 Java 组件采用 Java+JNI 的方式构建，是纯 Java 的组件，但不是通过 COM 封装或者中间件运行的组件，而且由于 Java 代码只是负责调用内核功能，比完全采用 Java 编写的组件或通过中间件调用 COM 的方式在效率上将有极大的提高。

SuperMap Objects Java/. NET 6R 版本是在 SuperMap Objects Java/. NET 2008 的基础上，对数据、地图、网络分析、空间分析模块进行了完善和优化，并增加了三维、布局排版、拓扑等模块。

它支持 Microsoft Visual Studio 2005 和 Microsoft Visual Studio 2008 进行开发，并与其开发环境完美结合，同时 SuperMap Objects . NET 6R 的帮助文档提供独立 CHM 及与 MSDN 集成两种形式，方便用户使用。

同时在跨平台的支持上，SuperMap Objects Java 6R 将更进一步，在支持 SUN SPARC、X86、IBM POWER 芯片及 Windows、Linux、Solaris、AIX 操作系统的基础上，增加对 Itanium 芯片和 HP-UX 操作系统的支持。

图 1-4 是 SuperMap Objects Java/. NET 6R 的功能模块划分结构图，提供数据、地图、三维、空间分析、网络分析、数据转换、排版打印、拓扑、地址匹配等 9 个模块。其中，数据模块为核心模块，为其他模块提供数据访问的支持，其他模块均可独立使用。

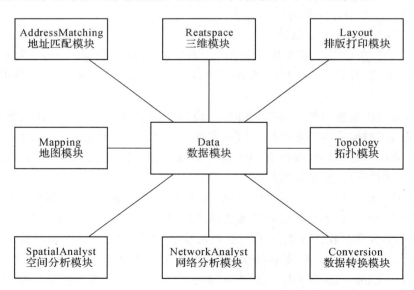

图 1-4　SuperMap Objects Java/. NET 6R 模块结构（SuperMap）

SuperMap Objects Java/.NET 6R 有以下主要特点。

1. 二、三维编程接口一体化

在编程接口上,二、三维采用了类似的模式来进行设计,在地图操作和三维场景的操作上,均是基于控件(MapControl、ScenControl)到图层(Layer)、专题图(Theme)的接口模式,这样减少了用户对接口的学习难度,只要对一套比较熟悉,另外一套不用学习就可以直接使用。

2. Java/.NET 接口一致性

SuperMap Objects 的 Java 组件和 .NET 组件在接口上保持完全一致,只是在具体每个接口的命名上会根据各自平台的习惯进行修改,比如 Layer 是否显示的属性,在 Java 里面是使用方法(IsVisible、SetVisible)来得到或设置其是否可见,在 .NET 里面使用属性(IsVisible)来完成同样的事情。

3. 丰富的专题图效果

SuperMap Objects Java/.NET 6R 提供 8 个大类、21 个小类的专题图类型,完全可以满足在各种应用中的不同需求。

4. 其他新特性

另外,SuperMap Objects 提供了其他很多的特性,比如自定义操作、自定义绘制、实时数据支持、制图表达、排版打印、二维交互编辑、数据转换、数据版本管理、拓扑处理、批量数据添加等功能。

1.4.6　几种主要组件式 GIS 平台功能比较

组件的功能是否强大是衡量一个组件能否被使用的重要指标,我们可以对当前五种具有代表性的组件做一个比较,如表 1-1 所示。

ArcGIS Engine 提供的组件最多,功能也比较全面,适合作为对空间数据的编辑、空间分析和管理要求较高的 GIS 项目的平台。GeoMedia 既可以作为一个桌面地理信息系统,具有图形的编辑、添加、制图和空间分析等 GIS 功能,又提供一系列的控件。但 GeoMedia 的系统稳定性还需进一步提高,开发的总体难度比 MapX 要大一些,而比 ArcGIS Engine 要简单一些。MapX 开发简单,适用性也很强,但功能上要明显弱一些,适合于弱 GIS 应用平台的快速开发。TITAN GIS 的功能基本上都能满足应用软件的业务要求,但是在国内用户群不广泛,推广力度较弱。SuperMap Objects 进步非常迅速,作为国内自主产权的 GIS 软件平台有着不可比拟的推广优势,在组件功能、空间数据库支持等方面不逊色于国外软件,不过性能方面比其他的产品还有很大距离。

表 1-1　组件式 GIS 平台功能比较

功　能	ArcGIS Engine	GeoMedia	MapX	TITAN GIS	SuperMap Objects
支持的数据格式	Shapefile, E00, Coverage, MGE, Autocad DXF/DWG, MicroStation DGN, Imagine, TIFF, GRID, JPEG2000, JPEG, BMP, GIF, PNG, PCI Raster, USGS ASCII DEM, X11 Pixmap, Memory Raster, geodatabase raster.	MGE, FRAMME, Ar-cInfo, MapInfo, Autocad DXF/DWG	MapInfo 的 MIF, MID, AutoCAD 的 DWG, DXF, TIFF, JPEG, BMP, GIF, 格网 (MIG)	Shapefile, E00, MapInfo MIF/MID, Autocad DXF/DWG, MicroStation DGN, MapGIS, OpenInfo, VCT, Arc/Info Grid, TIFF, GRID, JPEG2000, JPEG, BMP, GIF	SuperMap, Shapefile, E00, MapInfo, Autocad DXF/DWG, MicroStation DGN, VCT, TIFF, GEO-TIFF, BMP, JPEG, IMG (Erdas), MrSID, ECW
地图编辑能力	强	一般	较弱	一般	较强
空间数据库支持	Oracle, Oracle with Spatial/Locator, Microsoft SQL Server, IBM DB2, Informix	Oracle, SQL Server, MS Access	DB2, Oralce, SQL Server	Oracle, Sybase, DB2, Informix	Oracle, SQL Server, Sybase, DB2
3D功能	强	无	无	较强	一般
组件功能	强	较强	较强	一般	一般
可使用的开发语言	.NET, VB, VC, VBA, Delphi, Java	VB, VC, Delphi, Power-builder	.NET, VB, VC, Delphi, Powerbuilder	VB, VC, Powerbuilder, Delphi	.NET, VB, VC, Delphi, Java
支持的操作系统	Windows, UNIX, Linux, Solaris, HP-UX	Windows	Windows	Windows	Windows, Linux, Solaris, AIX, HP-UX
开发难易程度	难	较难	易	较易	较难

第 2 章　ArcGIS Engine 开发初步

2.1　ArcGIS Engine 概述

2.1.1　ArcGIS Engine

ArcGIS 是开放的地理信息处理平台,具有强大的地理数据管理、编辑、显示、分析等功能。它主要有 ArcMap、ArcCatalog、ArcToolbox、ArcScene 等 14 个功能子系统。ESRI 的 ArcObjects 是组成 Desktop ArcGIS 的核心组件,符合组件对象模型 COM,是一种集成的面向对象的地理数据模型的软件组件库,提供了 ArcGIS 中全部的功能,是开发 GIS 应用程序的基础。

ArcGIS Engine 是 ArcObjects 组件跨平台应用的核心集合,是为编程人员开发客户化应用程序提供的组件包。它全面包含了组件式 GIS 的类库。使用 ArcGIS Engine,开发人员可以将 GIS 的功能融合到许多应用程序中,如 Microsoft Word、Excel 和 PDF,也可以将其加入到其他用户的 GIS 应用解决方案中。

ArcGIS Engine 可以用于 Windows、UNIX 和 Linux 等操作系统,同时也支持多种程序开发环境,如 .NET、通用 C++平台以及 Java 开发者常用的 ECLIPSE 和 JBuilder 等。

ArcGIS Engine 包含一个构建定制应用的开发包,其包括三个关键部分:控件、工具条、对象库(如图 2-1 所示)。

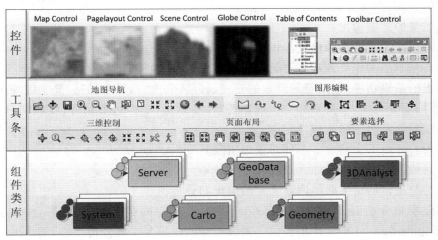

图 2-1　ArcGIS Engine 开发包组成

1. 控件(Controls)

控件是 ArcGIS 用户界面的组成部分,开发者可以嵌入并在自己的应用程序中使用。ArcGIS Engine 的控件包括 ArcGIS 地图控件、页面布局控件、工具条控件、TOC 控件、Globe 控件、场景控件、许可控件和符号系统控件等。一个地图控件和一个 TOC 控件可以用来展示和交互式运用地图。

2. 工具条(Toolbars)

工具条是 ArcGIS 常用工具的集合,在应用程序中用来实现与地图的交互。通过客户化设置,开发者可以根据自己的需要来定制工具条。

3. 对象库(Object Libraries)

对象库是可编程 ArcObjects 组件的集合,包括从几何图形到制图、GIS 数据源和 Geodatabase 等一系列类库,开发者可以开发出从低级到高级的各种定制的应用。ArcGIS Engine 共包含 40 个类库、超过 4100 个类、5550 个接口。

2.1.2 ArcGIS Engine 的功能

ArcGIS Engine 包括许多可以用来进行定制应用程序开发的用户控制接口和工具。有了 ArcGIS Engine,开发人员可以更高的灵活性来为 GIS 的部署和应用开发出相应的定制应用接口。开发人员可以使用 Microsoft .NET、C++或者 Java 等众多交互式开发环境中的一种来构建应用程序或者将 ArcGIS Engine 嵌入现有的软件中来专门处理 GIS 的应用。

ArcGIS Engine 的功能非常强大,基本上囊括了 ArcGIS 全部的功能,并且由于这些组件是严格符合微软的 COM 技术规范的,可以运用 COM 技术进行功能定制及功能扩展。ArcGIS Engine 的主要功能包括:

- 地理要素的交互式显示、查询和分析;
- 根据属性信息制作并分析专题图;
- 空间查询、空间分析功能;
- 高质量的地图输出;
- 允许用户为其他图像格式提供支持;
- 具备基本的图像处理功能,如影像校正、旋转、反向等;
- 超强的编辑功能,包括空间要素的新建、移动、修改、拷贝和粘贴,要素缓冲区、同层要素合并、不同层要素组合、要素相交生成新要素,要素镜像、多边形切分、线段切分生成新要素,删除,线段断开、延伸,生成注记等;
- 单用户环境下支持短事务的对象编辑及其 undo/redo;
- 矢量数据与栅格数据的叠加;
- 支持与逻辑网络关联的网络元素的编辑和分析。

空间建模和分析是最能体现 ArcGIS 优越于其他同类 GIS 软件平台的功能模块。ArcGIS Engine Spatial 扩展模型提供了强大的空间建模与空间分析功能,用户可以创建、查询和分析栅格、矢量数据,执行整合的栅格和矢量分析,从中提取有用信息。ArcGIS Engine

提供的其他分析类扩展模块包括 3D 分析扩展模块、网络分析、StreetMap 等。

2.1.3　ArcGIS Engine 包含的内容

ArcGIS Engine 包含有两个部分：ArcGIS Engine 开发工具包与 ArcGIS Engine 运行时。

1. ArcGIS Engine 开发工具包

ArcGIS Engine 开发工具包（ArcGIS Engine Developer Kit）是由开发人员来开发客户化应用程序的一系列工具，是一组制图组件和开发资源，允许程序员在现有的应用程序上添加动态的地图和 GIS 功能，或者开发出全新的定制化地图及 GIS 解决方案。

工具包提供许多接口，从而能够访问大量的 ArcObjects 组件，包括一些可以用来开发高质量地图用户界面的常用控件和许多用来处理地理信息的工具。这些可视化的控件能够以 .NET 控件、JavaBeans 组件和 ActiveX 控件的形式提供给用户使用。ArcGIS Engine 将控件、工具、工具条和类库等自动添加到开发环境中，方便程序员进行嵌入式 GIS 应用的开发。

用 ArcGIS Engine 进行应用程序的开发一般都要从 ArcGIS Desktop（ArcView、ArcEditor 或 ArcInfo）开始，利用桌面产品的制图、数据编辑和空间处理模型等功能。例如，用户创建并共享了一个 ArcMap 定制的地图数据给 ArcGIS 开发人员。开发人员利用 ArcGIS Engine 就可以开发出定制的应用，包含有 ArcMap 文档、一些地图处理工具以及其他的客户化软件功能。

开放的接口支持编程语言和开发框架，ArcGIS Engine 提供对 C++、.NET 和 Java 的支持，这样开发者可以选择自己熟悉的开发框架和计算机操作系统来进行工作。

2. ArcGIS Engine 运行时

ArcGIS Engine 运行时（ArcGIS Engine Runtime）是一组包含 ArcGISEngine 核心组件以及扩展模块的工具。它能够为最终用户提供一个运行 ArcGIS Engine 开发应用程序的环境。

ArcGIS Engine 运行时是根据部署的软件数量而独立销售的运行时许可。安装有 ArcGIS Desktop 的计算机允许运行需要 ArcGIS Engine 运行时的应用程序，因此 ArcView、ArcEditor 和 ArcInfo 的用户可以运行由 ArcGIS Engine 开发的程序。其他想要使用由 ArcGIS Engine 开发的应用程序的用户则必须购买并安装 ArcGIS Engine 运行时软件。

ArcGIS Engine 运行时具有许多种扩展的能力，可以用来进行额外应用功能的开发。它所支持的扩展功能与 ArcGIS 桌面产品的扩展是一样的。另外，当这些扩展被使用的时候，都需要相对应的 ArcGIS Engine 运行时的授权。ArcGIS Engine 提供的运行时选项可以为应用增加额外的编程能力，其功能与 ArcGIS 桌面扩展相类似。

- Spatial

Spatial 扩展在 ArcGIS Engine 运行时里增加了完整的栅格数据空间处理功能。增加的这些功能通过 ArcGIS Engine 空间处理接口来支持。

- 3D

3D 扩展为 ArcGIS Engine 运行时的环境中增加了 3D 分析和显示的功能。增加的功能包括场景和全球可视化的开发者控件和工具，同样的，这些功能都由一组 3D 类库来支持。

- Globe

Globe 扩展增加了地球三维可视化功能。

- GeodatabaseUpdate

GDB Update 扩展为用 ArcGIS Engine 开发的应用增加了编辑和更新空间数据库的能力。它可以用来开发定制的 GIS 编辑应用。这些附加的功能都是通过企业级空间数据库类库进行数据存取的。

- Network

Network 扩展为 ArcGIS Engine 运行时提供了一套完整的网络分析及建模功能。

- Data Interoperability

Data Interoperability 扩展增加了能够直接读取和使用多种通用的 GIS 数据格式,包括改进 GML 标准的能力。它同样可以将数据通过多种矢量格式传递给其他的应用软件。

- Schematics

Schematics 扩展能够从空间数据库或者具有清楚的连通性属性的网络数据中直接生成、展示并且可以更改的逻辑示意图表。

- Maplex

Maplex 扩展基于地图应用的高级标注布局功能和冲突检测机制。它可以用来生成存放在地图文档里的文字信息或者是以注记图层存放在空间数据库中。

- Tracking

Tracking 扩展可以进行实时和历史数据的展现以及基于时间的分析。

2.2　使用 ArcGIS Engine 开发应用程序

如图 2-2 所示,ArcGIS Engine 是一个创建定制的 GIS 桌面应用程序的开发产品。使用 ArcGIS Engine 可以创建独立界面版本(stand-alone)的应用程序,或者对现有的应用程序进行扩展,为 GIS 和非 GIS 用户提供专门的空间解决方案。ArcGIS Engine 同时也提供了 COM、. NET 和 C++的 API。这些编程接口不仅包括了详细的文档,还包括一系列高层次的组件,使得临时的编程人员也能够轻易地创建 ArcGIS 应用程序。

开发人员在他们所使用的集成开发环境中利用 ArcGIS Engine 来开发应用程序,在 Microsoft Visual Studio、ECLIPSE、Sun ONE Studio 或者 Borland JBuilder 的 IDE 环境中注册过 ArcGIS Engine 开发者组件后,就可以建立基于窗体的应用程序,添加 ArcGIS Engine 组件并基于组件编写 GIS 应用系统。

ArcGIS Engine 运行时可以安装并配置到许多台计算机上。每台计算机可以单独运行一个授权,也可以采用类似桌面产品的浮动许可模式,满足不同的用户需求。ArcGIS Engine 运行时的扩展也需要相对应的许可文件。

ArcGIS Engine 开发包是一个 GIS 开发产品,它允许用户在多种开发环境下建立定制的 ArcGIS 应用程序。ArcGIS Engine 开发包有以下关键特性,如图 2-2 所示。

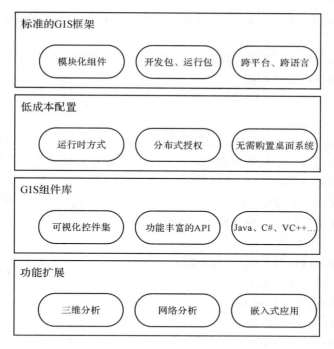

图 2-2 ArcGIS Engine 的关键特性

1. 标准的 GIS 框架

ArcGIS Engine 开发包为开发 GIS 应用程序提供了一个标准的框架。ArcGIS 产品（ArcView、ArcEditor、ArcInfo 和 ArcGIS Server）都是由称之为 ArcObjects 组件的同一软件对象集而建立的。

ArcGIS Engine 功能强大并且具有可扩展性，它丰富的功能集允许开发者将精力集中到解决应用程序中的业务逻辑中，而不是从头开始建立 GIS 功能集。

2. 低成本的配置

ArcGIS Engine 开发包能够被用来为大范围的用户群建立不受数量限制的不同的应用程序。使用 ArcGIS Engine 开发包建立的定制程序能够通过 ArcGIS Engine Runtime 被分布到任何人。

ArcGIS Engine Runtime 可以在每台电脑上进行许可授权。它允许多个 ArcGIS 应用程序在同一台计算机上运行，而所需的成本仅为一个 Runtime 的许可。此外，如果一台计算机已经被许可使用 ArcGIS Desktop 产品中的任何一种，则用户无需另外购买单独的 ArcGIS Engine Runtime 的许可。

3. GIS 组件库

ArcGIS Engine 开发包拥有可视化控件集的接口，它们为一个 ArcGIS 应用程序提供一个良好的起点。ArcGIS Engine 不包括任何一种 ArcGIS 桌面应用程序，比如 ArcMap 或者其他的除开发控件之外的用户界面组件。尽管只使用开发控件也能够建立一个简单的应用程序,但是实际上使用 ArcGIS Engine 开发的应用程序需要有关包含 ArcGIS Engine 的对象仓库的知识。

ArcGIS Engine 的开发人员可以访问丰富的 GIS 组件集和可视化控件集,实现数据访问、地图显示、地图分析和开发控件。

4.开发控件

ArcGIS Engine 提供了一个公共的开发控件集合,它使开发者能够轻易地通过一种公共的形象和感觉来配置一个技术精湛的应用程序。这种公共的用户经验可以为用户在较短的时间内掌握技术提供帮助,从而应用程序可以很快实现。

下列的控件可以用于 ActiveX、.NET 和 Java 开发者环境,并且和其他开发控件和组件结合可以创建高度定制化的应用程序。

- 地图控件(MapControl);
- 页面布局控件(PageLayoutControl);
- 阅读者控件(ReaderControl);
- 内容列表控件(TOCControl);
- 工具条控件(ToolbarControl);
- 场景控件(SceneControl);
- 球体控件(GlobeControl);
- 使用工具条控件的命令与工具集合。

5.支持标准开发语言

ArcGIS Engine 支持多种开发语言,它可以应用于 COM、.NET、Java 和 C++,如表2-1所示。它允许使用大范围的工具对这些对象进行编程,无需编程人员去学习一门新的或者专门的语言。所有的 ArcGIS 开发控件都可以像 ActiveX 控件、.NET 视窗控件和 Visual JavaBeans 一样使用。

表 2-1　ArcGIS Engine 支持一系列操作系统平台和编程语言

Windows	UNIX/Linux
C++	C++
Java	Java
COM	
.NET	

ArcGIS Engine 开发工具包构建的程序可以实现以下功能:

(1)显示具有多个地图图层(如公路、河流和边界)的地图;

(2)快速漫游与缩放地图;

(3)通过单击来识别地图上的要素;

(4)搜索地图上的要素;

(5)显示字段值的文本标注;

(6)绘制来自于航空照片或卫星影像的图像;

(7)绘制图形要素(如点、线、圆以及多边形);

(8)沿线或在方框、区域、多边形及圆内选择要素;

(9)转换地图数据的坐标系统;

(10)操作形状或旋转地图;

(11)创建和更新几何特征及其属性;

(12)交互操作个人地理数据库与主地理数据库。

2.3　软件安装

在开发 ArcGIS Engine 程序之前,需要首先部署完成开发环境。ArcGIS Engine Developer kit 有支持多种开发语言的安装包,包括 VB6、VC++、C♯、Java 等。本书的 ArcGIS Engine 开发实例以 C♯语言为开发语言。C♯的集成开发环境选择 Visual Studio 2010。对 ArcGIS Engine 开发环境的搭建步骤如下:

(1)安装 Visual Studio 2010;

(2)安装 ArcGIS Engine Runtime 10.0 或者 ArcGIS Desktop 10.0;

(3)安装 ArcGIS Engine Developer kit For Microsoft . NET Framework 4.0。

ArcGIS Engine Developer Kit for Microsoft . NET Framework 的安装要求操作系统已经安装了 . NET Framework 3.5。

2.3.1　安装 Visual Studio 2010

把 Visual Studio 2010 安装光盘放入光驱,找到 SETUP. exe,双击运行,在弹出对话框(如图 2-3 所示)中点击"安装 Visual Studio 2010"。

图 2-3　Visual Studio 2010 安装向导

在弹出的安装向导(如图 2-4 所示)中单击"下一步"。

图 2-4　Visual Studio 2010 安装向导

在图 2-5 所示的界面中选中"我已阅读并接受条款",然后单击"下一步"。

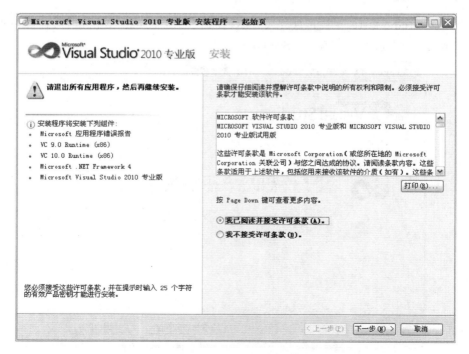

图 2-5　Visual Studio 2010 安装向导起始页

在图 2-6 所示的选项页左边的面板中选中"自定义",默认安装路径是"C:\Programe\Files\Microsoft Visual Studio 10",如果需要可以点击"浏览"更改安装路径。

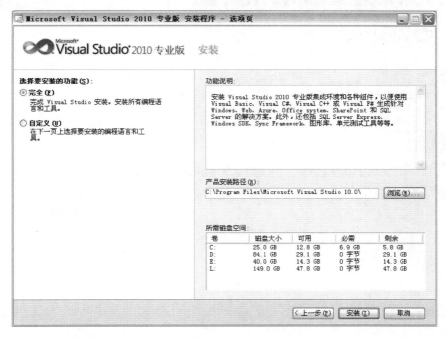

图 2-6　Visual Studio 2010 安装向导选项页

根据自己需要选择要安装的功能,确保 C♯ 选中,点击"安装"开始 Visual Studio 2010 的安装,进入图 2-7 所示页面。这需要等待一段时间。

图 2-7　Visual Studio 2010 安装向导安装页

安装结束后如图 2-8 所示点击"完成"。

图 2-8　Visual Studio 2010 安装向导完成页

2.3.2　.NET 与 C♯

微软发布的 .NET 开发平台是微软软件开发平台的又一次大升级。Visual C♯ .NET 是一套综合工具集,用于为 Microsoft Windows 和 Web 创建 XML Web 服务和基于 Microsoft .NET 的应用程序。这个强劲的开发包使用面向组件的 C♯ 开发语言,为具备 C++或 Java 经验的初级和中级开发人员创建下一代软件提供了现代化的语言和环境。开发人员还可以使用 .NET 框架类库以获得强大的内置功能,包括一组丰富的集合类、网络支持、多线程支持、字符串和正则表达式类,以及对 XML、XML 架构、XML 命名空间、XSLT、Xpath 和 SOAP 的广泛支持。

1..NET 集成开发环境(IDE)

Visual C♯ .NET 基于强大的 C++传统语言而创建。C♯ 是一个强大的、直观的、面向对象的编程语言,它不仅可以让 C++和 Java 开发人员迅速转型,而且相对于传统 C++,作出了重要的改进。这些改进包括统一的类型系统、最大化开发人员控制的"不安全"代码以及大多数开发人员容易理解的强大的新语言构造。通过一个优异的集成开发环境,Visual C♯ .NET为用户提供了终极开发人员环境,结合开发人员社区和有用的联机资源。图 2-9 是.NET 的框架图。

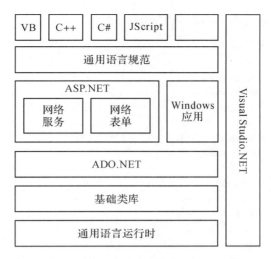

图 2-9　.NET 框架图

.NET 的运行界面如图 2-10 所示。

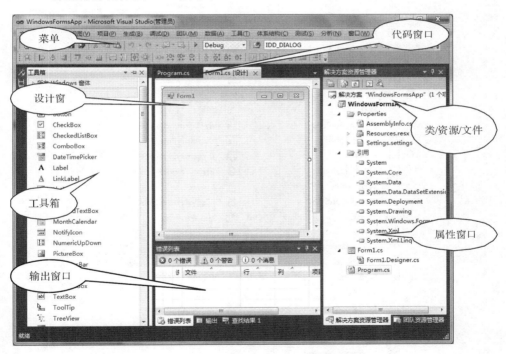

图 2-10　Visual Studio 2010 的运行界面

.NET 为开发者提供了一个方便、快速、友好、功能强大的工具箱,大大提高了系统开发效率。当用户选择的是设计窗体时,工具箱会自动显示可用的基础控件,包括 All Windows Forms(所有窗体控件)、Common Controls(通用控件)、Containers(容器)、Menus & Toolbars(菜单和工具条)、Data(数据控件)、Components(组件)、Printing(打印控件)、Dialogs(对话框控件)、Crystal Reports(水晶报表)和 General(常用控件)共 10 个标签选项,基本涵盖了系统开发所需的常规控件,该工具箱还支持用户自定义标签。图 2-11 所示即为

All Windows Forms 标签页和 Common Controls 标签页。

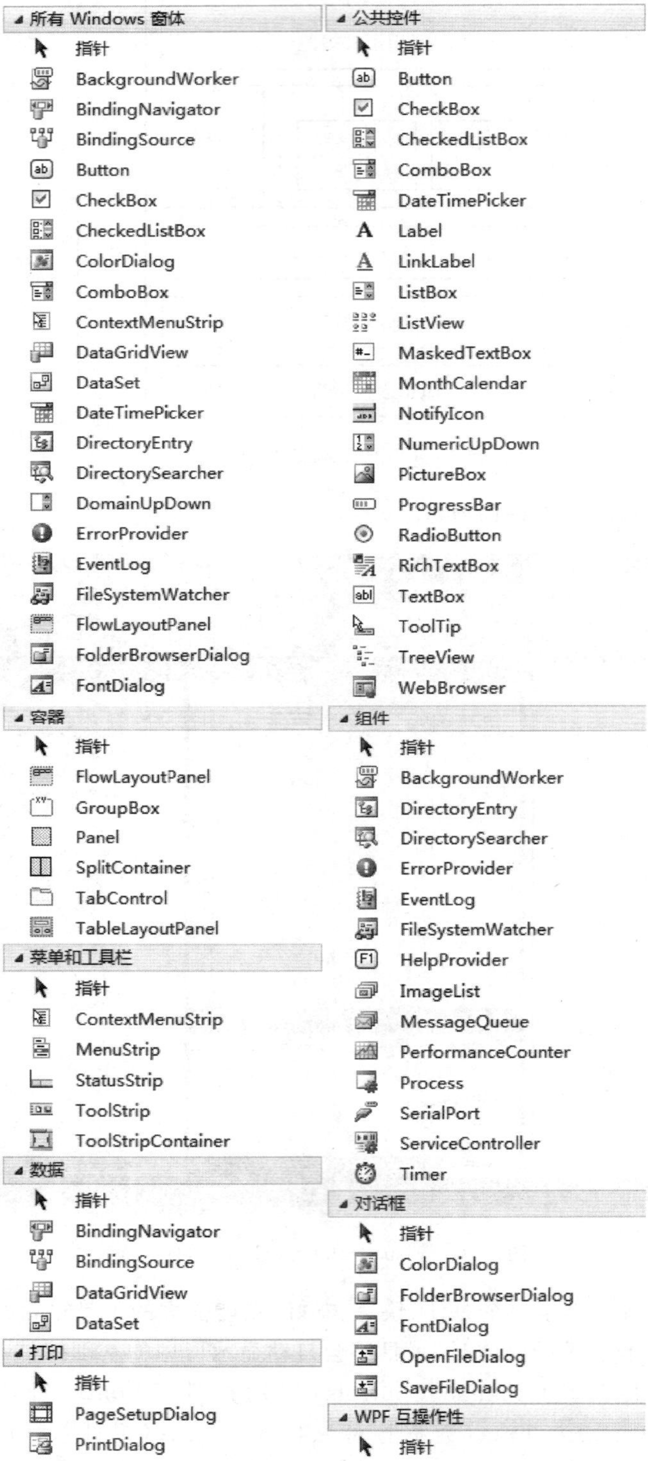

图 2-11　.NET 提供的工具箱

2..NET 的调试环境

.NET 的调试主要使用两个工具条:Build 工具条和 Debug 工具条,如图 2-12 所示。

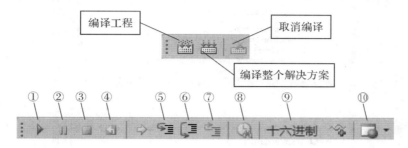

图 2-12　Build 工具条和 Debug 工具条

注:工具条功能依次为①启动调试;②暂停调试;③停止调试;④重新启动调试;⑤显示下一条语句;⑥进入函数内部;⑦跳过函数执行;⑧跳出函数;⑨十六进制形式查看;⑩断点设置(下拉框可选择调试窗口)

3. 加载 ArcGIS Engine 组件

安装完 ArcGIS 提供的开发组件 ArcGIS Engine 后,可以方便地在 .NET 运行环境中加载引用 ArcGIS 控件和其他 ArcGIS Engine 库,如图 2-13 所示。

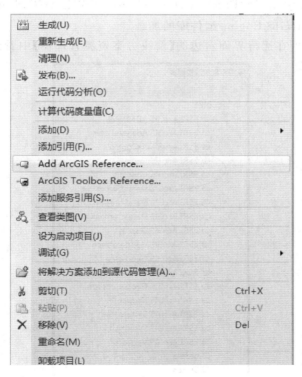

图 2-13　添加 ArcGIS Engine 组件引用

(1)在【Project】右键菜单中选择【Add ArcGIS Reference】,弹出【Add Reference】对话框,如图 2-14 所示。

图 2-14　添加引用对话框

（2）在【References】中选择【Engine(Core)】，点击后展开 Engine 类库，单击【Add】从中选择需要添加的类库引用，如"ESRI. ArcGIS. Carto""ESRI. ArcGIS. AnalysisTools"等，单击【Finish】即完成 ArcGIS Engine 组件库的加载。

（3）添加的引用可在运行界面右边的【解决方案资源管理器】中看到，如图 2-15 中框线范围显示。

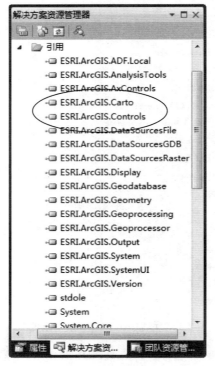

图 2-15　工程引用界面

（4）在窗体上双击显示窗体代码窗口，在代码窗口的顶部增加"using"命令：

```
using System;
using System.Collections.Generic;
using System.Windows.Forms;
using ESRI.ArcGIS.System;
using ESRI.ArcGIS.SystemUI;
using ESRI.ArcGIS.Carto;
```

注：需注意 C♯ 是区分大小写的。当键入"ESRI."时，智能敏感的自动完成功能将允许通过按 Tab 键完成下一节。

2.3.3　安装 ArcGIS Engine

把 ArcGIS Engine Developer Kit 10 安装光盘放入光驱，找到 Autorun.exe，双击运行，在弹出的安装向导对话框（如图 2-16 所示）中单击"Arcobjects SDK for the Microsoft .NET Framework"。

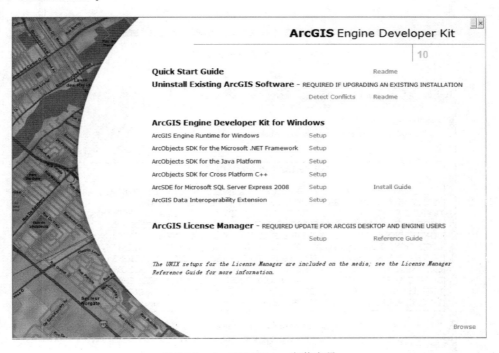

图 2-16　ArcGIS Engine 安装向导

在弹出的对话框（如图 2-17 所示）中选择"Next"。

在弹出的"License Agreement"对话框（如图 2-18 所示）中选择"I accept license agreement"，并单击"Next"。

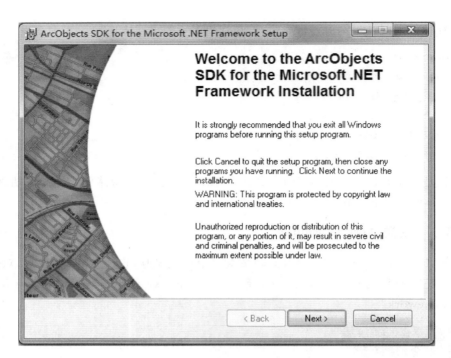

图 2-17　"Welcome"对话框

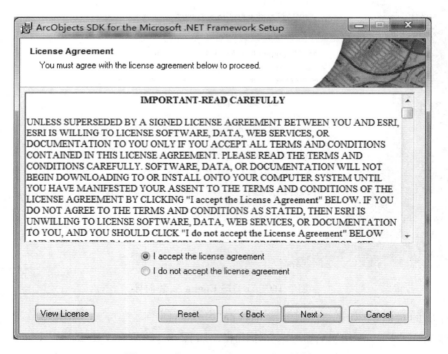

图 2-18　"License Agreement"对话框

　　根据自己需要选择要安装的功能组件,在功能组件选择对话框(如图 2-19 所示)中选择相应的功能组件,定义好安装路径后单击"Next"。

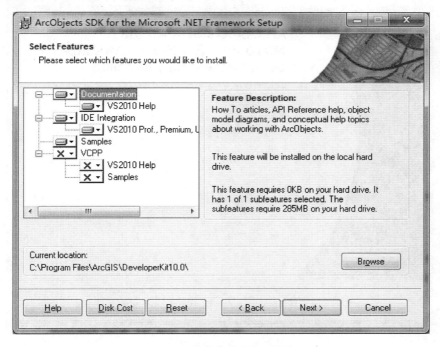

图 2-19　功能组件选择对话框

在安装信息确认对话框(如图 2-20 所示)中单击"Next"。

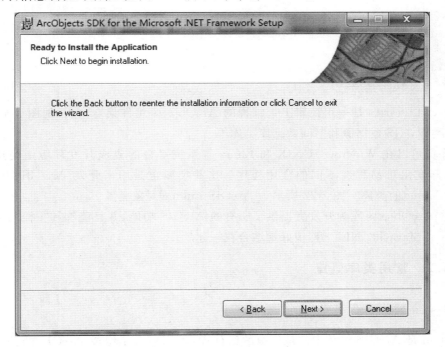

图 2-20　安装信息确认对话框

在安装完成对话框(如图 2-21 所示)中单击"Finish"完成安装过程。

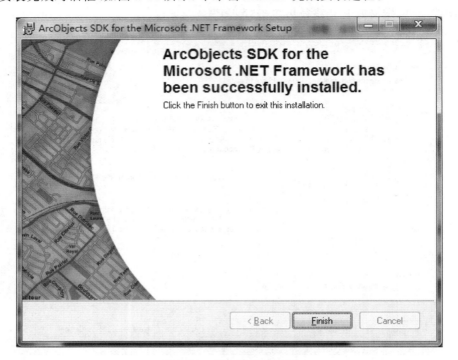

图 2-21　安装完成对话框

2.4　ArcGIS Engine 类库介绍

2.4.1　对象模型图

Object Libraries 是一组逻辑上可编程的 ArcObjects 组件集合,包括地图显示、制图输出、几何类库,GIS 数据源和空间数据库类库等。

程序员可以在 Windows、UNIX 和 Linux 等系统平台的集成开发环境中使用这些类库,能够开发出难易程度不同的应用程序。这些类库也是用来开发 ArcGIS Desktop 和 ArcGIS Server 的类库。图 2-22 所示为 ArcGIS Engine 对象类库。

这些 ArcObjects 库为开发者提供了所有的 ArcGIS 功能,并且能够和主流的开发环境(比如 C++、Java 和 . NET 等)很好地结合在一起。

2.4.2　常用类库概览

1. System 库

System 是 ArcGIS 体系中的最低级的组件库,该库包含了组成 ArcGIS 的其他组件库所使用的服务。在 System 库中包含了大量能被开发者执行的接口。例如,AoInitialize 对

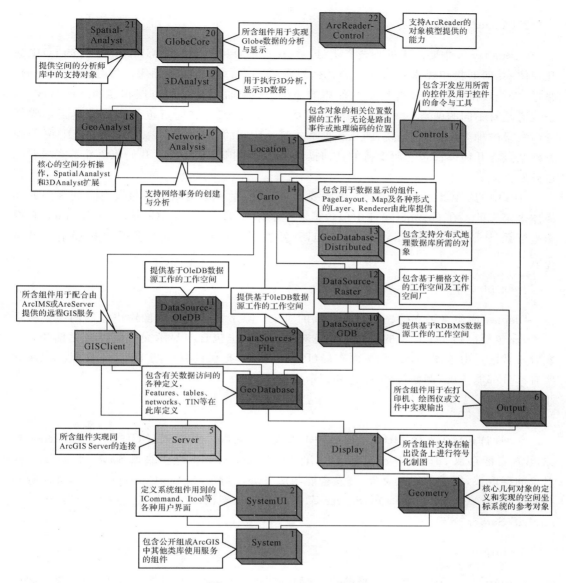

图 2-22　ArcGIS Engine 类库

象被定义在其中,开发者必须在所开发的程序中用此对象去初始化和撤销初始化 ArcGIS Engine。开发者不能直接扩展此库,但是能通过执行相应的接口扩展 ArcGIS System。

2. SystemUI 库

SystemUI 库主要包含了 ArcGIS Engine 能够扩展的用户界面的一些接口,例如 ICommand、ITool 和 IToolControl 等。开发者能够使用这些接口去扩展用户界面组件。该库所包含的对象主要是方便开发者关于用户接口的开发工作。同样,开发者不能直接扩展此库,但是能通过执行相应包含在其中的接口进行扩展 ArcGIS System。

3. Geometry 库

Geometry 库主要用于处理要素类(Feature Class)和图形元素(Graphic Elements)中的几何体、几何形状和要素等。基本的几何对象例如点、多点、线和面等。线段(Segments)、路径(Paths)和环(Rings)是组成几何体的原语。线和面是由一组首尾相连的线段组成,一条线段是有不同的两点——起点和终点组成的,同时,起点和终点也是弧段的重要组成部分。线段的种类包括线弧、线、圆弧和贝赛尔弧。所有的几何体都有 z 值和 m 值,ID 号伴随着其结点。几何体都包含所支持的几何操作,例如缓冲区、剪切等。几何原语并不意味着能被开发扩展。

GIS 中的实体对应于真实世界中的要素,而真实世界中要素是通过具有空间参照的几何体来定义的。在 Geometry 库中包含了地理坐标系(Geographic Coordinate System)和投影坐标系(Projected Coordinate System),开发者能增加新的空间参照系来扩展空间参照系统。

4. Display 库

Display 库包含了支持显示 GIS 数据的对象。除了支持实际图像输出绘制的主要显示对象,还包括控制实体显示的符号和颜色对象。该库也包含与显示交互的可视化反馈。开发者常常通过由地图(Map)和页面布局(PageLayout)提供的视图与 Display 交互。该库的所有部分都能扩展,例如符号、颜色和显示反馈等。

5. Server 库

Server 库包含了连接 ArcGIS Server 并与其交互的对象。例如,通过 GISServerConnection 对象,开发者能存取 ArcGIS Server。其中,GISServerConnection 首先获取到 ServerObjectManager 对象的存取权,然后借用此对象,开发者能与服务环境对象(ServerContext)交互,进而管理在服务端的 AO(ArcObjects)。Server 库不能进行扩展,开发者也能通过 GISClient 库与 ArcGIS Server 交互。

6. Output 库

Output 用于构建设备的图像输出,例如打印机、绘图仪以及硬拷贝格式,如增强型图元和光栅图像格式。开发者通过该库的对象,并结合 Display 和 Carto 库中的部分对象,能方便构建图像输出。开发者也能根据自定义的设备和输入格式进行扩展此库。

7. GeoDatabase 库

GeoDatabase 库提供了与数据进行访问相关的程序编程接口(API),为 ArcGIS 所支持的数据源提供统一的数据编程模型。在该库中定义的接口要比具体的某一种数据所提供的接口更抽象一些。该库能进行扩展进而支持独特的数据格式,另外,通过 PluginDataSource 对象能增加自定义的矢量数据。而在 GeoDatabase 库中已经定义的原始数据类型不能进行扩展。

8. Carto 类库

该库包含了用于显示数据的对象，如 Map、Layer、FeatureLayer 等。Carto 类库支持地图的创建和显示，这些地图可以在一幅地图或由许多地图及其地图元素组成的页面中包含数据。图层可以处理与之相关数据的所有绘图操作，但通常图层都是一个相关的 Renderer 对象。Renderer 对象的属性控制着数据在地图中的显示方式。Renderers 通常用 Display 类库中的符号来进行实际绘制，而 Renderer 只是将特定符号与待绘实体的属性相匹配。Map 对象和 PageLayout 对象可以包含元素。

9. DataSourcesFile 类库

DataSourcesFile 类库包含用于基于文件数据源的 GeoDatabase API 实现。这些基于文件的数据源包括 Shapefile、Coverage、TIN、CAD、SDC、StreetMap 和 VPF。开发者不能扩展 DataSourcesFile 类库。

10. DataSourcesGDB 类库

DataSourcesGDB 类库包含用于数据库数据源的 GeoDatabase API 实现。这些数据源包括 Microsoft Access 和 ArcSDE 支持的关系型数据库管理系统——IBM、DB2、Informix、Microsoft SQL Server 和 Oracle。开发者不能扩展 DataSourcesGDB 类库。

11. DataSourcesRaster 类库

DataSourcesRaster 类库包含用于栅格数据源的 GeoDatabase API 实现。这些数据源包括 ArcSDE 支持的关系型数据库管理系统——IBM、DB2、Informix、Microsoft SQL Server 和 Oracle，以及其支持的 RDO 栅格文件格式。当需要支持新的栅格格式时，开发者不扩展这个类库，而是扩展 RDO。开发者不能扩展 DataSourcesRaster 类库。

2.5　部署一个 ArcGIS Engine 应用程序

打开 Visual Studio 2010，点击"文件"菜单下的"新建"→"项目"菜单项，弹出新建项目对话框，如图 2-23 所示。

在【已安装的模板】一栏选择 Visual C♯ 下面的 ArcGIS，选择 Extending Arcobjects，在中间栏将 .NET Framework 调整至 3.5 版本，创建一个 MapControl Application 项目，项目名称设为：MapApplication。单击【确定】，就建立了一个基于 ArcGIS Engine 的二维地图显示应用程序，如图 2-24 所示。

部署一个 ArcGIS Engine 应用程序

不需要添加任何代码，就可以直接运行该程序。点击按钮，选择 C:\Program Files\ArcGIS\DeveloperKit10.0\Samples\data\World 下的 world.mxd 文件，加载一个世界地图。

图 2-23 新建项目对话框

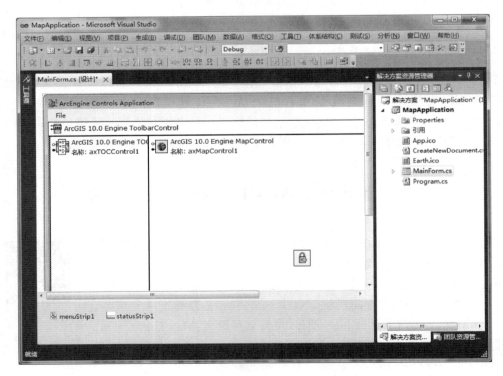

图 2-24 开发环境中 MapApplication 项目

思考与练习

1. ArcGIS ArcEngine 开发常用的开发环境有哪几种？

2. 如何调试应用程序？

3. 如何建立一个基于 ArcGIS Engine 应用程序？

第3章　地图显示与浏览

3.1　地图控件

ArcGIS Engine 提供了丰富的控件,包括 ArcGIS 地图控件(MapControl)、页面布局控件(PageLayoutControl)、工具条控件(ToolbarControl)、TOC 内容列表控件(TOCControl)、Globe 控件(GlobeControl)、场景控件(SceneControl)、许可控件(LicenseControl)和符号系统控件(SymbologyControl)等。ArcGIS 将一系列的命令、工具和菜单包含在控件命令中,配合控件使用。这些控件和控件命令组成高级的开发组件。开发人员可以在此基础上创建和扩展带有 ArcGIS 功能的 Windows 应用程序,提供二次开发的图形用户界面。如图 3-1 所示。

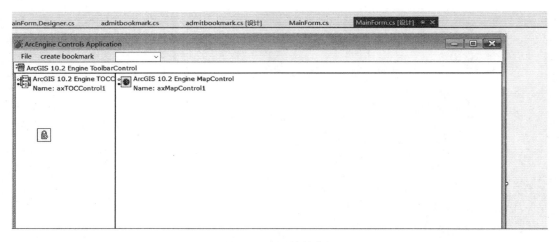

图 3-1　常用控件布局

地图控件对应于 ArcMap 桌面应用程序中的"数据(data)"视图,封装了地图对象。ArcMap 创建好的地图文件可以被加载到地图控件中,也可以像 ArcMap 一样通过工具条上的数据加载构建自己的地图文档。这里重点介绍常用的几个 ArcGIS 控件。

3.1.1　控件特性

1. 可嵌入的构件

每个控件都是一个可嵌入的构件,在可视化设计环境里可以被拖放到一个视窗容器

(Container Form)或对话框中。ArcGIS 控件可以被嵌入到一个已有的应用程序中,来增加地图功能,也可以被用来创建全新的独立运行的程序。ArcGIS 控件一旦被嵌入到容器(Container)中,就可以和命令按钮和组合框等其他可嵌入构件一起调整大小和位置,在应用程序中形成用户界面。

2. 控件属性页

每个组件都提供了一组属性页,开发人员可以在大多数可视化编程环境中访问到这些属性页。对于已经嵌入到容器中的属性页,可以通过右击控件,从快捷菜单上选择"属性(Properties)"项,来打开控件的属性页。这些属性页提供了设置控件属性的快捷方式,使用户无需编写代码或只需编写很少的代码就能创建一个应用程序。

3. 封装组件

每个控件都通过粗粒度地封装 ArcObjects 组件而简化了开发过程,与此同时,这些控件仍然提供对细粒度的 ArcGIS Engine 组件的访问。以页面控件(PageLayoutControl)为例,空间封装了 PageLayout 对象,这同在 ArcMap 应用程序中看到的 PageLayout 组件类是一样的。一个页面至少包含一个地图框架要素对象(MapFrame);地图框架要素中包含地图对象(Map);一个地图中又包含若干个影像图层对象(RasterLayer)、特征图层对象(FeatureLayer)或自定义图层对象(Custom Layer)。每个 ArcGIS 控件还提供了对其所含 ArcObjects 对象的常用属性与方法的快捷访问。例如,地图控件(MapControl)带有一个空间参考(SpatialReference)属性,该属性就是对地图对象中控件参考属性的快捷访问。此外,每个 ArcGIS 控件还提供了一些有用的方法来完成常用的工作。例如地图控件带有 AddShapeFile 方法。

这些控件不仅提供用户界面,而且提供对其所含组件的直接访问,成为开发应用程序的典型起点。

4. 事件

每个控件都对最终用户与键盘鼠标的交互操作进行响应,触发事件。另外,控件会对自身发生的一些事件产生响应。例如当地图文档加载到地图控件中时,将触发 OnMapReplaced 事件,再如一个对象在拖放(drag and drop)过程中拖过地图控件时,将触发 OnOleDrop 事件。

5. 同伴控件

单独一个 ArcGIS 控件可以被嵌入到一个应用程序中,而目录树控件和工具条控件可以与另一个 ArcGIS 控件合用,来提供一部分应用框架。工具条控件和目录树控件都需要工作在同其他"同伴控件(buddy control)"关联的状态下。典型的"同伴控件"是一个地图控件、页面控件、三维场景控件或球面显示控件。"同伴控件"可以在设计时通过属性对话框设置,也可以在程序中通过 SetBuddyControl 方法进行设置。目录树控件通过关联"同伴控件",用树状方式交互地显示地图的图层、符号等信息,而工具条控件为"同伴控件"的命令、工具和菜单提供一个显示面板。

3.1.2 地图控件

1.常规属性页

在 Visual Studio 2010 中,点击地图控件,右键属性可以看到 MapControl 的对话框。如图 3-2 所示的一般属性页中,主要设置地图控件的显示方式,包括以下几种。

图 3-2 MapControl 的一般属性页

(1)边框样式。设置是否在控件周围绘制边框。默认情况下,设置为绘制边框。

(2)外观。将控件的外观设置为平面样式或 3D 样式。默认情况下,外观设置为平面样式。

(3)鼠标指针。设置当鼠标经过控件时鼠标指针的显示样式。默认情况下,设置为"默认指针"。通常,默认指针为箭头指针。

(4)工具提示样式。将 Windows XP 和 Windows 2000 操作系统中使用的地图提示设置为实心提示或透明提示。默认情况下,将显示实心样式的提示。

(5)显示地图提示。设置当鼠标移动到图层要素上时是否显示地图提示(如果存在)。默认情况下,不会显示地图提示。

(6)启用。设置是否启用控件。默认情况下,将启用控件。

(7)启用 OLE 拖放事件。设置是否可将数据从其他应用程序(例如 ArcCatalog 或 Windows 资源管理器中的文件)拖放到控件中。默认情况下,OleDropEnabled 设置为 false。

(8)在设计模式下预览。设置是否可以在设计模式下预览为控件设置的所有属性。默认情况下,预览设置为 false。

(9)方向键拦截。对那些通常由开发环境容器处理的方向键的击键动作进行拦截。默认情况下,不拦截任何键,且 KeyIntercept 属性为 0。选中此框可将 KeyIntercept 属性设置为 1。将 KeyIntercept 属性设置为 esriKeyIntercept 常量的组合位掩码,可拦截 ALT、ENTER 和 TAB 键的击键动作。

(10)地图文档。当前地图文档(链接到控件的地图文档,或其中的单个地图被载入控件的地图文档)的系统文件路径。如果要链接到某一地图文档或载入地图,请输入地图文档或地图的完整系统路径和文件名。

(11)浏览至地图文档。浏览并选择地图文档(要链接到控件的地图文档,或其中的个别地图可被载入控件的地图文档)。

(12)地图。地图文档中的当前所选地图。

(13)可用地图。从当前地图文档的可用地图中选择一幅地图。

(14)包含地图。地图文档中的所选地图将被包含在控件中。

(15)链接到地图文档。控件将按文件名链接到地图文档。无法更改地图文档中所选地图的内容。

2. 地图属性页

"地图属性页"(如图 3-3 所示)用于设置地图控件(MapControl)中引用地图的属性。

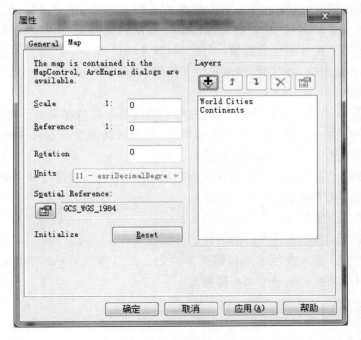

图 3-3　地图属性页面设置

（1）比例。设置地图的当前比例。要设置地图比例，请输入一个值。例如，值 10000 表示将以 1∶10000 的比例显示地图，也就是说，屏幕上的 1 个单位的长度表示地球表面的 10,000 个单位长度。

（2）参考比例。地图中使用的所有符号和文本大小都相对于当前梯度的参考比例来确定。要设置参考比例，请输入一个值。输入 0 表示未设置任何参考比例。如果未设置任何参考比例（默认），则无论地图比例的大小如何，地图中所有符号或文本都将保持相同的大小。例如，无论对地图进行放大还是缩小，屏幕中用于表示线要素的符号将保持相同的宽度。如果已设置参考比例，地图中所有符号或文本的大小将随地图比例的改变而改变。例如，如果缩放至大于参考比例的比例，文本标注将变大，如果缩放至小于参考比例的比例，文本标注将变小。

（3）旋转。设置地图显示的旋转角度。如果设置值为正数，将向逆时针方向旋转；如果设置值为负数，将向顺时针方向旋转。

（4）单位。地图单位是地图中用于显示的单位。地图单位基于指定的空间参考，一旦为地图设置了空间参考，便无法更改地图单位。

（5）空间参考属性。设置显示地图的空间参考属性。

（6）空间参考名称。设置地图中当前用于显示数据的空间参考的名称。要设置空间参考，请选择或编辑空间参考"属性…"中的坐标系，或者向控件中添加一个图层。地图空间参考将被自动设置为添加到控件中的第一个图层的空间参考。如果添加到控件中的第一个图层尚未定义空间参考，将对此图层中的坐标进行分析。如果坐标范围为 0～180，控件将假定图层数据是地理数据（即包含未投影的纬度坐标和经度坐标）且当前坐标系将显示为 "GCS_Assumed_Geographic_1"。如果控件无法确定数据源是否为地理数据，当前空间参考将为"未知"。如果控件不包含数据，当前空间参考也将为"未知"。

（7）重置。重置控件。此操作将清除所有图层、移除所有空间参考，还会将控件的其他属性恢复为默认值。

（8）添加图层。显示一个对话框，可通过此对话框将地理数据添加到控件中。

（9）上移图层。在图层列表中上移所选图层，并将所选图层在控件中的绘制顺序上移。各图层将按列表中从下至上的顺序进行绘制。

（10）下移图层。在图层列表中下移所选图层，并将所选图层在控件中的绘制顺序下移。各图层将按列表中从下至上的顺序进行绘制。

（11）删除图层。从控件中移除所选图层。

（12）图层属性。显示所选图层的属性。

（13）图层列表。载入控件的当前图层的列表。图层列表表示地图中各图层的绘制顺序。将首先绘制位于列表底部的那些图层。

3.1.3　目录树控件

目录树控件与"同伴控件"协同工作，如图 3-4 所示。"同伴控件"可以是地图控件、页面控件、三维场景控件或球面显示控件。"同伴控件"可以在控件属性用户界面设计时通过目录树控件的属性页设置，也可以编写代码进行设置。

图 3-4   目录树控件常规属性页

（1）边框样式。设置是否在控件周围绘制边框。默认情况下，设置为绘制边框。

（2）外观。将控件的外观设置为平面样式或 3D 样式。默认情况下，外观设置为平面样式。

（3）鼠标指针。设置当鼠标经过控件时鼠标指针的显示样式。默认情况下，设置为"默认指针"。通常，默认指针为箭头指针。

（4）标注编辑。设置是在运行时自动编辑标注，还是通过代码手动确定标注的编辑和验证。默认情况下，标注编辑会自动进行。

（5）标注可见性。设置是否在运行时自动启用用于控制图层可见性的复选框。默认情况下，会自动启用图层可见性。

（6）同伴控件。设置将活动视图（ActiveView）传递给 TOC 控件（TOCControl）中的绑定控件——地图控件（MapControl）、页面布局控件（PageLayoutControl）、场景控件（SceneControl）或 Globe 控件（GlobeControl）。默认情况下，不设置同伴控件。

（7）启用。设置是否启用控件。默认情况下，将启用控件。

（8）启用图层拖放。设置是否可在控件中拖放图层。默认情况下，图层拖放不可用。

（9）在设计模式下预览。设置是否可以在设计模式下预览控件的属性。默认情况下，预览设置为 false。

（10）方向键拦截。对那些通常由开发环境容器处理的方向键的击键动作进行拦截。默认情况下，不拦截任何键，且 KeyIntercept 属性为 0。选中此框可将 KeyIntercept 属性设置为 1。将 KeyIntercept 属性设置为 esriKeyIntercept 常量的组合位掩码，可拦截 ALT、ENTER 和 TAB 键的击键动作。

3.1.4 工具条控件

1.常规属性页

使用"常规属性页"（如图 3-5 所示）可以设置 ToolbarControl 的常规外观的属性。

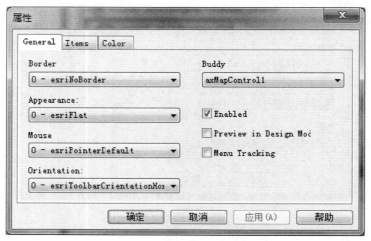

图 3-5 工具条控件常规属性页

（1）边框样式。设置是否在控件周围绘制边框。默认情况下，设置为绘制边框。

（2）外观。将控件的外观设置为平面样式或 3D 样式。默认情况下，外观设置为平面样式。

（3）鼠标指针。设置当鼠标经过控件时鼠标指针的显示样式。默认情况下，设置为"默认指针"。通常，默认指针为箭头指针。

（4）方向。将控件的方向设置为水平或垂直。默认情况下，设置为水平方向。

（5）同伴控件。设置传递到每个项目命令的 OnCreate 事件中的绑定控件——地图控件（MapControl）、页面布局控件（PageLayoutControl）、场景控件（SceneControl）或 Globe 控件（GlobeControl）。默认情况下，不设置同伴控件。

（6）启用。设置是否启用控件。默认情况下，将启用控件。

（7）在设计模式下预览。设置是否可以在设计模式中预览控件的属性。默认情况下，预览设置为 false。

（8）菜单追踪。设置当鼠标移动到控件上方时是自动显示菜单项，还是只有在单击箭头时才显示菜单项。

2.项目属性页

使用"项目属性页"（如图 3-6 所示）可以管理出现在 ToolbarControl 中的条目，确定工具条提供的功能及其常规外观。

（1）滑动条。滚动当前控件项目。

（2）项目外观。将控件上项目的外观设置为平面样式或 3D 样式。默认情况下，外观设置为平面样式。

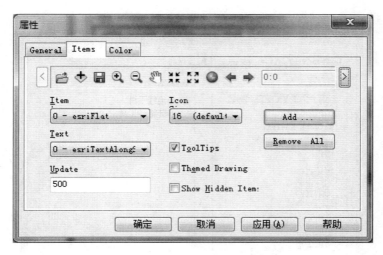

图 3-6　工具条控件项目属性页

(3)文本对齐方式。设置控件上项目命令标题的显示是与项目的右侧对齐还是与底部对齐。默认情况下,标题显示在项目的右侧。

(4)更新间隔。通过检查每个命令的启用状态来设置控件自动更新其项目的频率。默认情况下,控件会每 500 毫秒更新一次。将更新频率设为零可阻止自动更新。

(5)图标大小。设置控件中的项目显示其命令位图的大小。默认位图尺寸为 16×16 像素。

(6)工具提示。设置当鼠标悬停于条目之上时,控件中的项目是否显示命令工具提示。默认情况下,将显示工具提示。

(7)主题绘图。设置是否使用 Windows XP 主题显示控件中的条目。默认情况下,不使用 Windows XP 主题显示项目。

(8)显示隐藏项。设置当单击包含两个 V 形的按钮时是否在隐藏项菜单中显示控件中的隐藏项。默认情况下,不显示隐藏项。

(9)添加...。如图 3-7 所示,控件项可使用的在"ESRI 控件命令""ESRI 控件菜单""ESRI 控件选项板"以及"ESRI 控件工具条"组件类别中注册的命令、菜单、选项板和工具条定义。在"项目"属性页中,双击或将命令、菜单、选项板和工具条定义拖动到控件预览中可创建新的控件项目。

(10)全部移除。从控件中移除所有项。

3. 颜色属性页

使用"颜色属性页"(如图 3-8 所示),可以设置 ToolbarControl 的背景外观的属性。

(1)透明度。设置控件的背景是否透明。默认情况下为不透明。

(2)背景颜色。设置控件的背景颜色。默认情况下,背景颜色将设置为 Windows 系统"3D 对象"颜色。

(3)渐变颜色。设置控件的渐变颜色。默认情况下,渐变颜色将设置为 Windows 系统"3D 对象"颜色。

(4)填充方向。将用于创建背景颜色与渐变颜色间的阴影效果的填充方向设置为水平或垂直。默认情况下,填充方向设置为水平。

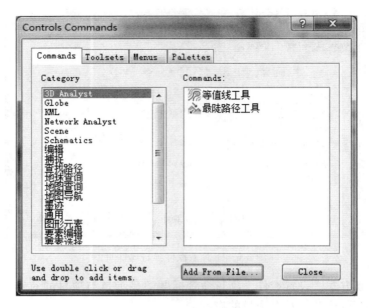

图 3-7 控件命令选择器

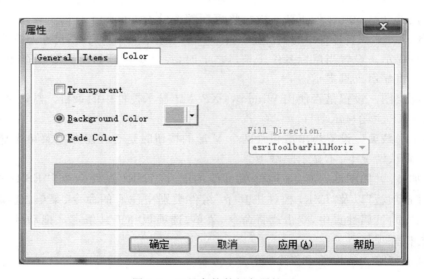

图 3-8 工具条控件颜色属性页

3.1.5 页面控件

1. 常规属性页

使用"常规属性页"(如图 3-9 所示)可以设置 PageLayoutControl 的常规外观的属性,还可以将地图文档加载到 PageLayoutControl 中。

图 3-9   页面控件常规属性页

(1)边框样式。设置是否在控件周围绘制边框。默认情况下,设置为绘制边框。

(2)外观。将控件的外观设置为平面样式或 3D 样式。默认情况下,外观设置为平面样式。

(3)鼠标指针。设置当鼠标经过控件时鼠标指针的显示样式。默认情况下,设置为"默认指针"。通常,默认指针为箭头指针。

(4)启用。设置是否启用控件。默认情况下,将启用控件。

(5)启用 OLE 拖放事件。设置是否可将数据从其他应用程序(例如 ArcCatalog 或 Windows 资源管理器中的文件)拖放到控件中。默认情况下,OleDropEnabled 设置为 false。

(6)在设计模式下预览。设置是否可以在设计模式下预览为控件设置的所有属性。默认情况下,预览设置为 false。

(7)方向键拦截。对那些通常由开发环境容器处理的方向键的击键动作进行拦截。默认情况下,不拦截任何键,且 KeyIntercept 属性为 0。选中此框可将 KeyIntercept 属性设置为 1。将 KeyIntercept 属性设置为 esriKeyIntercept 常量的组合位掩码,可拦截 ALT、ENTER 和 TAB 键的击键动作。

(8)地图文档。加载到控件或链接到控件的当前地图文档的系统文件路径。要加载或链接到某个地图文档,请输入其完整系统路径和文件名。

(9)浏览至地图文档。浏览至要加载到控件或链接到控件的地图文档。

(10)包含页面布局。地图文档中的页面布局将包含在控件中。

(11)链接到地图文档。控件将通过文件名链接到地图文档。无法更改地图文档中页面布局的内容。

2.页面属性页

使用"页面属性页"(如图 3-10)可以设置 PageLayoutControl 的页面属性。

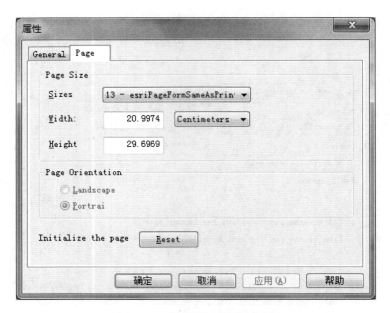

图 3-10　页面控制页面属性页

（1）大小。设置页面大小。默认情况下，页面大小将设置为系统默认的打印机页面大小。如果页面大小设置为自定义，则必须为页面指定高度和宽度值。

（2）宽度。以指定单位表示的页面宽度。

（3）高度。以指定单位表示的页面高度。

（4）单位。设置用于显示页面宽度和高度的页面单位。默认情况下，页面单位将设置为英寸。

（5）方向。设置页面的方向。默认情况下，设置为纵向。

（6）重置。清除页面布局的内容。

3.2　地图及其相关组件

3.2.1　地图组件

地图对象是地图数据的容器，地图对象可以包含特征图层（矢量图层）或图像图层（栅格图层）。每个地图文档至少包含一个地图对象，任何时刻都有且只有一个当前地图对象（FocusMap）。当前地图对象是正在被使用的地图对象。当前地图的属性被方便地放在IMxDocument 接口中，而 IMxDocument 接口又带有一个 Map 属性，来返回指向整个地图集合的指针 IMaps。通过 IMaps 指针，用户可以完成创建或删除地图，或者获取指向某个已有地图的指针，如图 3-11 所示。

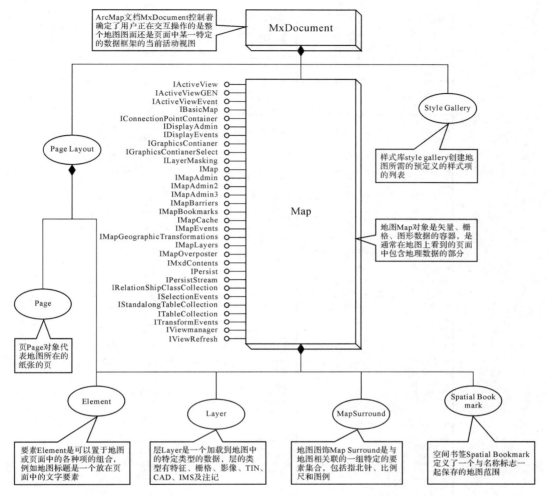

图 3-11　地图及其相关对象

地图中的所有图层共有一个相同的空间参考。地图的空间参考被自动地设成第一个加载到地图中的图层的空间参考。后续加载图层的空间参考如果与地图的空间参考不同,这些图层将会按照地图的空间参考来投影到地图中。

地图对象是包含在地图框架(MapFrame)中的,而页面对象包含地图框架。每个地图包含着一组有序的图层和地图图饰(MapSurround)。每个图饰要素也都对应着一个图饰框(MapSurroundFrame)。在这里,图层包括特征层(FeatureLayer)、FDO(Feature-Data-Object)图形层和图层组(GroupLayer),地图图饰包括图例(Legend)、指北针(NorthArrow)和条状比例尺(ScaleBars),如图 3-12 所示。

每个地图都包含一个基本图形层(Basic Graphics Layer),用来存放默认绘制的注记。用户可以额外创建图形层来作为要素组或注记的目标图层。

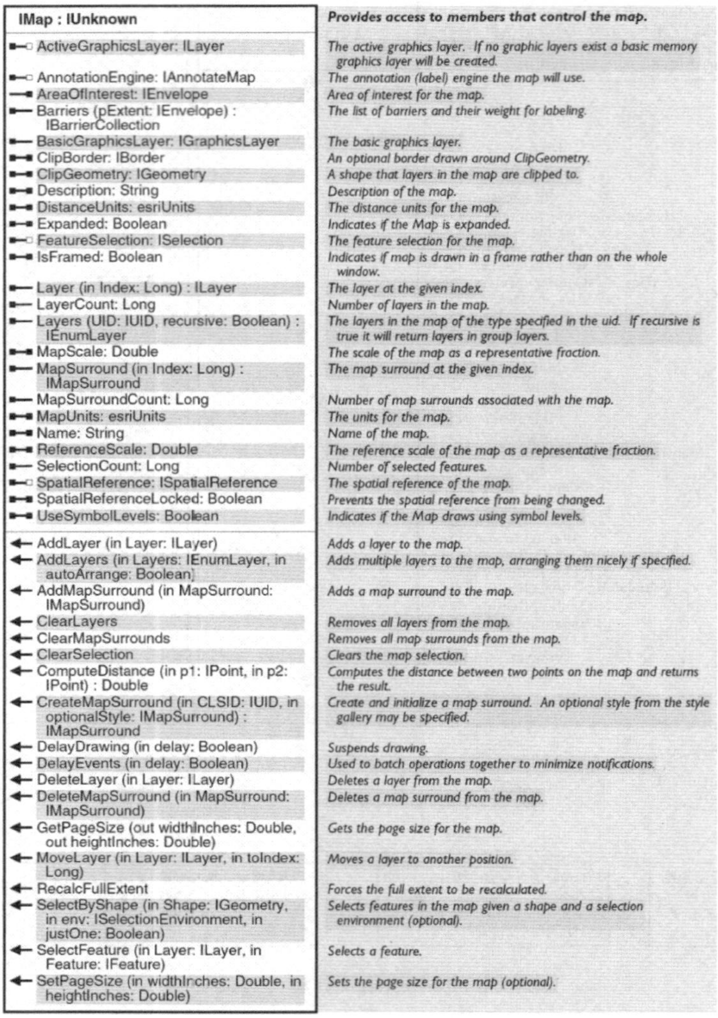

IMap : IUnknown	Provides access to members that control the map.
◆━ ActiveGraphicsLayer: ILayer	The active graphics layer. If no graphic layers exist a basic memory graphics layer will be created.
◆━ AnnotationEngine: IAnnotateMap	The annotation (label) engine the map will use.
→ AreaOfInterest: IEnvelope	Area of interest for the map.
◆━ Barriers (pExtent: IEnvelope) : IBarrierCollection	The list of barriers and their weight for labeling.
◆━ BasicGraphicsLayer: IGraphicsLayer	The basic graphics layer.
◆━ ClipBorder: IBorder	An optional border drawn around ClipGeometry.
◆━ ClipGeometry: IGeometry	A shape that layers in the map are clipped to.
◆━ Description: String	Description of the map.
◆━ DistanceUnits: esriUnits	The distance units for the map.
◆━ Expanded: Boolean	Indicates if the Map is expanded.
◆━ FeatureSelection: ISelection	The feature selection for the map.
◆━ IsFramed: Boolean	Indicates if map is drawn in a frame rather than on the whole window.
◆━ Layer (in Index: Long) : ILayer	The layer at the given index.
◆━ LayerCount: Long	Number of layers in the map.
◆━ Layers (UID: IUID, recursive: Boolean) : IEnumLayer	The layers in the map of the type specified in the uid. If recursive is true it will return layers in group layers.
◆━ MapScale: Double	The scale of the map as a representative fraction.
◆━ MapSurround (in Index: Long) : IMapSurround	The map surround at the given index.
◆━ MapSurroundCount: Long	Number of map surrounds associated with the map.
◆━ MapUnits: esriUnits	The units for the map.
◆━ Name: String	Name of the map.
◆━ ReferenceScale: Double	The reference scale of the map as a representative fraction.
◆━ SelectionCount: Long	Number of selected features.
◆━ SpatialReference: ISpatialReference	The spatial reference of the map.
◆━ SpatialReferenceLocked: Boolean	Prevents the spatial reference from being changed.
◆━ UseSymbolLevels: Boolean	Indicates if the Map draws using symbol levels.
◆ AddLayer (in Layer: ILayer)	Adds a layer to the map.
◆ AddLayers (in Layers: IEnumLayer, in autoArrange: Boolean)	Adds multiple layers to the map, arranging them nicely if specified.
◆ AddMapSurround (in MapSurround: IMapSurround)	Adds a map surround to the map.
◆ ClearLayers	Removes all layers from the map.
◆ ClearMapSurrounds	Removes all map surrounds from the map.
◆ ClearSelection	Clears the map selection.
◆ ComputeDistance (in p1: IPoint, in p2: IPoint) : Double	Computes the distance between two points on the map and returns the result.
◆ CreateMapSurround (in CLSID: IUID, in optionalStyle: IMapSurround) : IMapSurround	Create and initialize a map surround. An optional style from the style gallery may be specified.
◆ DelayDrawing (in delay: Boolean)	Suspends drawing.
◆ DelayEvents (in delay: Boolean)	Used to batch operations together to minimize notifications.
◆ DeleteLayer (in Layer: ILayer)	Deletes a layer from the map.
◆ DeleteMapSurround (in MapSurround: IMapSurround)	Deletes a map surround from the map.
◆ GetPageSize (out widthInches: Double, out heightInches: Double)	Gets the page size for the map.
◆ MoveLayer (in Layer: ILayer, in toIndex: Long)	Moves a layer to another position.
◆ RecalcFullExtent	Forces the full extent to be recalculated.
◆ SelectByShape (in Shape: IGeometry, in env: ISelectionEnvironment, in justOne: Boolean)	Selects features in the map given a shape and a selection environment (optional).
◆ SelectFeature (in Layer: ILayer, in Feature: IFeature)	Selects a feature.
◆ SetPageSize (in widthInches: Double, in heightInches: Double)	Sets the page size for the map (optional).

图 3-12　IMap 接口

3.2.2　地图常用接口

　　IMap 接口是进行地图操作的开始。利用 IMap 可以增加、删减、访问各种数据源的图层,包括特征图层和图形图层;可以实现图例、条状比例尺等地图图饰对象与地图的联系;可以控制各种各样的地图属性,如地图单位、空间参考;可以选择特征对象并访问地图的当前选择集(current selection)。

　　IGraphicsContainer 接口用在需要管理地图要素集合的对象中(如图 3-13 所示)。如页面、地图和 FDO 图形层(FDOGraphicsLayer)对象都实现了 IGraphicsContainer 接口。地图的 IGraphicsContainer 接口通常返回一个指向地图的活动图形层的指针,可能是地图的基础图形层,也可能是用户创建的特征层,如 FDO 图形层。

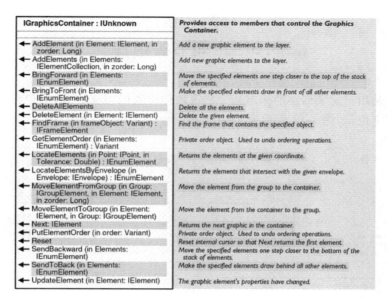

图 3-13　IGraphicsContainer 接口

IActiveView 接口控制着主应用窗口（如图 3-14 所示），管理着包括画图在内的许多操作。使用该接口可以修改视图的显示范围（Extent），访问关联的屏幕显示（ScreenDisplay）对象，显示或隐藏标尺和滚动条，以及刷新视图。页面对象对 IActiveView 接口的实现与地图对象的实现略有区别。

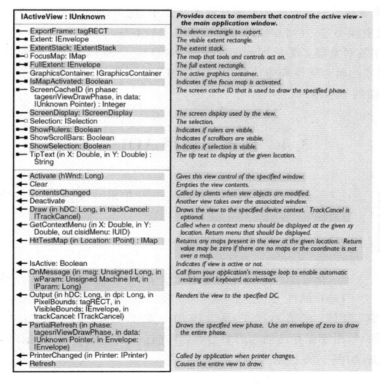

图 3-14　IActiveView 接口

3.3　空间书签组件

空间书签是用户定义创建的标志某个特定地理位置的快捷方式,用户保存这样的书签来方便以后的定位,如图 3-15 所示。

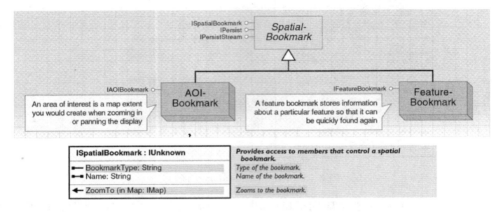

图 3-15　空间书签组件与 ISpatialBookmark 接口

ArcGIS 有两种空间书签:AOI(Area of Interest)空间书签和特征空间书签。AOI 书签记录用户所关心的一个范围;特征书签记录用户所关注的一个特征。两种书签都由其指向范围所在地图对象来管理。书签被永久存储在地图文档中,用户通过地图的 IMapBookmarks 接口,可以访问其空间书签,并增加新的书签或删除旧的书签。

所有空间书签对象都实现了 ISpatialBookmark 接口。该接口定义了各种书签的所有公共功能,尤其是书签的名称属性和缩放到相应位置的功能。ZoomTo 函数通过 IActiveView::Extent 改变地图的显示范围。

3.4　创建与调用 AOI 书签

创建与调用
AOI 书签

下面介绍在 Visual Studio 2010 中编写代码,实现 AOI 书签的创建与调用。

1. 添加控件和类库引用

在程序的主窗体上端菜单栏中添加一个菜单项(MenuItem),“文本”(Text)属性为“创建书签”,其控件名为“miCreateBookmark”,用于稍后调用“创建书签”窗体;在菜单项的旁边添加一个组合框(ComboBox),其控件名为“cbBookmarkList”,用于保存已创建的书签名,并在选中某书签名时,依据所对应书签改变地图的显示范围,如图 3-16 所示。

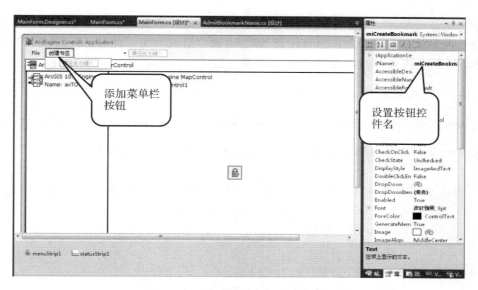

图 3-16　添加控件并设置控件属性

在 Visual Studio 2010 右侧的解决方案资源管理器中，右击"引用"，在弹出的菜单中选择"Add ArcGIS Reference"（添加 ArcGIS 引用）。在弹出的对话框中将 ESRI. ArcGIS. Geometry 类库的引用添加进入项目，如图 3-17 所示。

图 3-17　添加对 ESRI. ArcGIS. Geometry 类库的引用

编辑主窗体（即 MainForm. cs）的代码，先为该类导入 ESRI. ArcGIS. Geometry 和类库。代码如下：

```
usingESRI.ArcGIS.Geometry;
```

需要注意的是,ESRI. ArcGIS. Geometry 与 System. IO 类库中均含有一个叫"Path"的类。当导入 ESRI. ArcGIS. Geometry 类库后,可能会造成冲突。此时,可在出现 Path 类的语句中,使用"类库名. 类名"的格式来改写,避免混淆。

2. 添加"创建书签"函数

在 MainForm 类定义内容中添加一个成员函数 CreateBookmark,以创建书签。代码如下:

```
public void CreateBookmark(string sBookmarkName) //参数为书签名
{
//通过 IAOIBookmark 接口创建一个变量,其类型为 AOIBookmark,用于保存当前地图的范围。
    IAOIBookmark aoiBookmark = new AOIBookmarkClass();
    if (aoiBookmark ! = null)
    {
        aoiBookmark.Location = axMapControl1.ActiveView.Extent;
        aoiBookmark.Name = sBookmarkName;
    }

    //通过 IMapBookmarks 接口访问当前地图,并向地图中加入新建书签。
    IMapBookmarks bookmarks = axMapControl1.Map as IMapBookmarks;
    if (bookmarks ! = null)
    {
        bookmarks.AddBookmark(aoiBookmark);
    }

    //将新建书签名加入组合框中,用于之后调用对应书签。
    cb_BookmarkList.Items.Add(aoiBookmark.Name);
}
```

3. 添加"书签名称设置"窗体

点击"项目"菜单下的"添加 Windows 窗体"按钮,Visual Studio 2010 弹出"添加新项"对话框。选中"Windows 窗体",并将窗体文件命名为"AdmitBookmarkName. cs",点击"添加"按钮,即向当前项目添加了一个新的窗体。该窗体用于获取用户定义的当前书签的名称,并向主窗体传递,如图 3-18 所示。

窗体添加后,可在右侧属性页对其部分属性进行修改,比如:"文本"属性可设置为"书签名称设置";"尺寸"(Size)属性可设置为"200,100";"初始位置"(StartPosition)属性可设置为"CenterScreen"等,以使窗体更加美观、实用。

修改完窗体属性后,可向窗体添加以下两个控件:一个文本框(TextBox),用于输入书签名称,其控件名为"tbBookmarkName";一个按钮(Button),"文本"属性为"确认",其控件名为"btnAdmit",如图 3-19 所示。

图 3-18　添加 AdmitBookmarkName 窗体文件

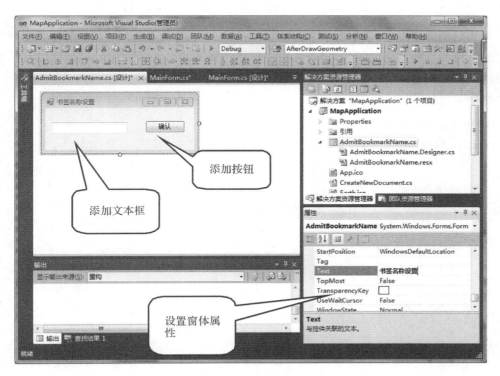

图 3-19　添加控件并设置窗体属性

　　添加并调整完控件后，双击"确认"按钮，自动生成其"点击"（Click）事件响应函数，当前视图转至窗体代码页。除了双击控件快速添加缺省事件响应函数外，在选中控件的情况下，点击属性页上的"事件"按钮,在事件属性页上亦可为控件添加各种事件响应函数,如图 3-20所示。

图 3-20   通过属性页添加其他类型的事件响应函数

在当前窗体代码中,添加一个主窗体类型的成员变量 m_frmMain,并新建一个以主窗体类型对象为参数的构造函数,用于调用主窗体的相关成员。最后"确认"按钮"点击"事件响应函数输入代码,实现书签名称的传递。

代码如下:

```
//用于保存主窗体对象。
public MainForm m_frmMain;

//用于传入主窗体对象。
public AdmitBookmarkName(MainForm frm)
{
    InitializeComponent();
    if (frm != null)
    {
        m_frmMain = frm;
    }
}

//"确认"按钮的"点击"事件响应函数,用于创建书签。
private void btnAdmit_Click(object sender, EventArgs e)
{
    if (m_frmMain != null && tbBookmarkName.Text != "")
```

```
    {
        m_frmMain.CreateBookmark(tbBookmarkName.Text);
    }

    this.Close();
}
```

4. 实现创建书签与调用书签功能

为主窗体的"创建书签"菜单项生成"点击"事件响应函数，并添加代码运行"书签名称设置"窗体。如图 3-21 所示，只需要双击"创建书签"按钮，激活点击事件，或者在该控件属性中的事件中选择 Click 事件，并添加如下代码：

```
//"创建书签"按钮的"点击"事件响应函数，用于运行"确认书签名称"按钮。
private void btnCreateBookmark_Click(object sender, EventArgs e)
{
    AdmitBookmarkName frmABN = new AdmitBookmarkName(this);
    frmABN.Show();
}
```

为组合框 cb_BookmarkList 生成"选择索引更改"（SeletedIndexChanged）事件响应函数，如图 3-22 所示。

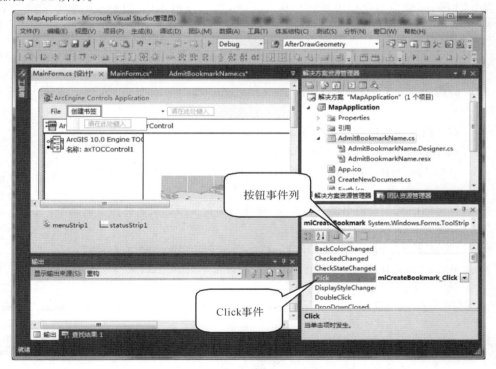

图 3-21   创建书签点击事件

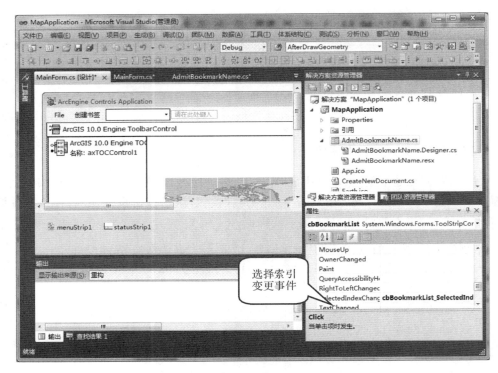

图 3-22　书签列表框的选择索引变更事件

添加代码,实验当组合框中被选中项改变时,地图将依据所对应的书签改变显示范围。代码如下:

```
//组合框的"选择索引更改"事件响应函数,用于在改变组合框所选项时,地图范围变
//为其对应书签所保存的范围。
private void cbBookmarkList_SelectedIndexChanged(object sender, EventArgs e)
{
//访问地图所包含的书签,并获取书签序列。
IMapBookmarks bookmarks＝axMapControl1.Map as IMapBookmarks;
IEnumSpatialBookmark enumSpatialBookmark＝bookmarks.Bookmarks;

//对地图所包含的书签进行遍历,获取与组合框所选项名称相符的书签。
enumSpatialBookmark.Reset();
ISpatialBookmark spatialBookmark＝enumSpatialBookmark.Next();
while(spatialBookmark！＝null)
{
    if(cb_BookmarkList.SelectedItem.ToString() == spatialBookmark.Name)
    {
        spatialBookmark.ZoomTo((IMap)axMapControl1.ActiveView);
        axMapControl1.ActiveView.Refresh();
        break;
```

```
      }

   spatialBookmark＝enumSpatialBookmark.Next();
}
```

5.运行结果

运行程序,在地图的不同范围内创建书签后,尝试更改组合框的选中项,可发现地图将依据所选中的书签改变显示范围,如图 3-23 所示。

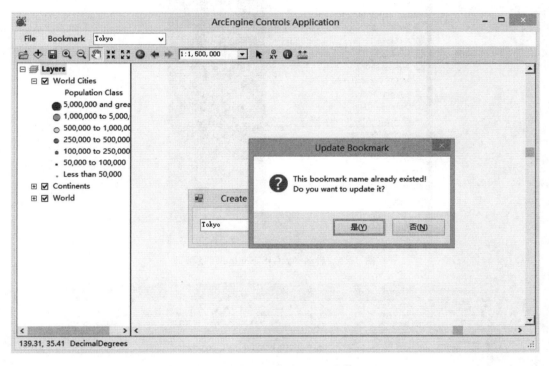

图 3-23　漫游地图至目的地并创建书签

创建好书签后,可以在菜单栏组合框中看到已经多了东京、费城选项,从下拉列表框中选择书签,地图即时跳转到该书签指向的空间范围,在菜单栏组合框中选择"东京"项,地图即可显示"东京"书签对应的范围。

3.5　开发提示——如何判断添加类库引用

在代码编写中,为了实现某个功能,需要调用 ArcGIS Engine 的一个或多个接口,接口的功能实现是由类库完成的。如果要调用某个接口就必须先引入类库。如何查找接口属于哪个类库? 如何添加类库引用? 下面以在项目中使用接口 IGeometry(几何)为例讲解如何查找类库,如何添加类库引用。

已知使用什么接口，如何判断该接口属于哪个类库，最直接的方法是使用帮助。首先打开 ArcGIS Engine 的开发帮助，从【开始】—【程序】中找到 ArcGIS，打开 Developer Help（注意：区别于 ArcGIS Desktop Help）可以找到 ArcObjects Help for . NET(VS2010)，如图 3-24 所示。

图 3-25 所示为 ArcGIS Engine 开发帮助，在查找编辑框内输入 IGeometry，点击查找（图中椭圆框线中表示），即可获得检索结果，如图 3-26 所示。

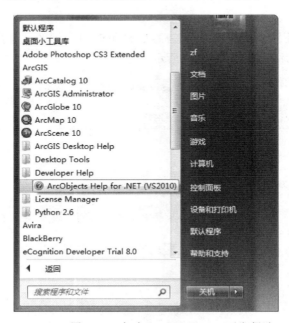

图 3-24　启动 ArcGIS Engine 开发帮助

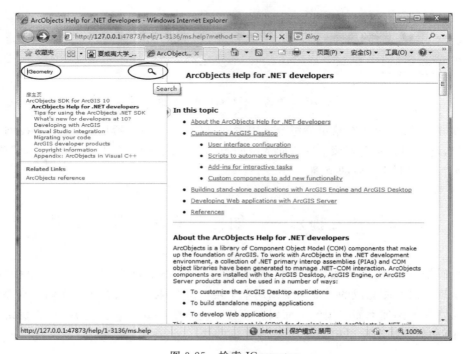

图 3-25　检索 IGeometry

在检索结果中点击 IGeometry Interface，即可获得该接口的定义和相关说明、规约和示例，如图 3-27 所示。

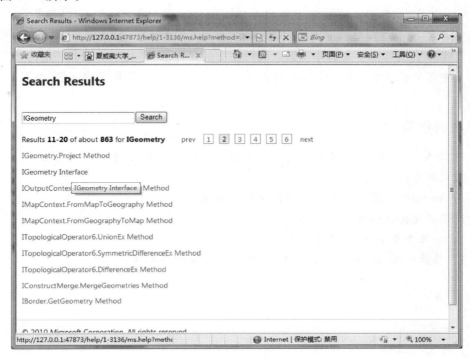

图 3-26　IGeometry 接口检索结果

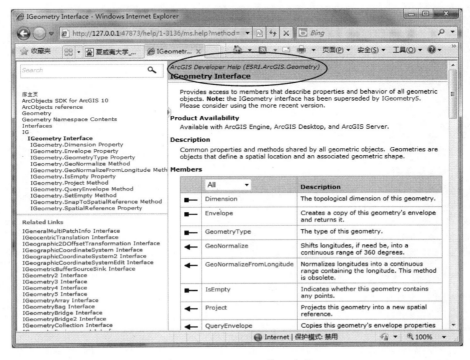

图 3-27　IGeometry 接口定义

要查看接口属于什么类库,图 3-27 中明显标识处即为类库名称 ESRI. ArcGIS. Geometry。Product Availablity 表示该接口可以通过 ArcGIS Engine、ArcGIS Desktop 以及 ArcGIS Server 的已安装类库中获得。Description 是对 IGeometry 对象指向的描述。Members 中罗列了该接口所提供的属性存取操作和方法函数。

添加类库引用见 3.4.1 具体实例。值得注意的是:类库与类库之间有一定的继承关系,如类库 a 中部分类继承于另一个类库 b 的某一个或几个类,则添加类库 a 前,类库 b 须先被引用。

思考与练习

1.运用 ArcGIS Engine 开发帮助查找书签相关组件的属性、方法及相关实例,尝试将其添加至应用程序。

2.在 ArcGIS Engine 的对象模型图中找到书签类库。

3.能否在此实例基础上进行拓展,要求:

 (1)如果书签重名,则不能保存;

 (2)打开地图,在书签列表中自动出现以往定义的书签项。

第4章　地图数据组织与访问

4.1　数据类型

ArcGIS 可以读取多种 GIS 软件和 CAD 软件的空间数据,包括矢量、栅格与 Tin。

ArcGIS 可将空间数据和属性数据一起读取,还可以同时把几种不同格式的数据集成在一个坐标系环境中进行空间分析和查询。ArcGIS 可以直接读取的格式有:Coverage Shape-file 和 CAD 文件,基于文件或数据库的 Geodatabase 数据。

4.1.1　Coverage

1981 年,ESRI 公司推出了它的商业 GIS 软件 Arcinfo,实现了第二代地理数据模型——Coverage 数据模型(也被称作地理相关模型——Georelational Data Model)。图 4-1 示意了 Coverage 数据模型,这个模型的有两个主要特征:

(1)空间数据与属性数据相互关联。空间数据是存储在具有索引的二进制文件里,这些文件经过优化处理以便于数据显示和存取。属性数据是以数据表存储的。数据表的行数等于二进制文件里的图形要素的数目。数据表的每个记录与相应的图形要素之间通过相同的标识联结。

(2)矢量要素之间的拓扑关联也可保存。这意味着空间记录在记录一条线时,包含着许多另外信息,哪些结点为这条线确定界限,以及由此推出的哪些线与之相连,哪些多边形在这条线的左(右)边。

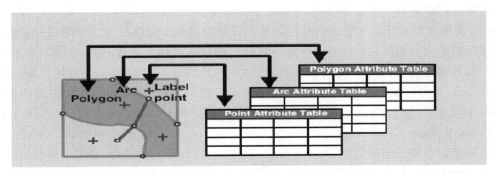

在Coverage数据格式中,要素集中的点、弧段、多边形要素和属性表一一对应

图 4-1　Coverage 数据模型

Coverage 的数据模型的主要优势在于:用户可以定制特征表。不仅数据库的字段可以增加,而且还可以与外部数据库建立关联。Coverage 数据模型使得高性能的 GIS 成为可能,其中拓扑关联便于地理分析,输入数据更为精确。

由于当时的计算机硬件和数据库软件的性能局限,把空间数据直接存入关联数据库不大可行。Coverage 数据模型用二进制文件来存储空间数据,用数据库表来存储属性数据,这在当时是 GIS 领域占统治地位的数据模型。

尽管 Coverage 具有许多优点,但它也有个最大的缺点:特征聚集在类似的点、线、面集合中,不具有特殊的特征行为。也就是说,一条线,无论是代表一条路还是代表一条河,它具有的行为是相同的。但是,应用程序变得越来越复杂,开发人员竭力使应用程序代码和特征类的变化同步,这是个艰巨的任务。需要一种更好的方式让特征与行为联结,需要建立一种全新的地理数据模型,从底层就使特征与其行为紧密相联结。

4.1.2 Shapefile

Shape 文件是 ESRI 公司发明的一种矢量数据的组织文件。由于其结构简单,以及 ESRI 公司在地理信息系统的权威地位,Shape 文件被广泛应用。Shape 文件包括:一个主文件,主文件以 . shp 为后缀;一个索引文件,索引文件以 . shx 为后缀;一张 dBASE 表,其以 . dbf 为后缀;一个投影文件,其以 . prj 为后缀。主文件用一系列的点来描述一个图形单元,由固定长度的文件头和长度各不相同的记录组成,每个不等长的记录是由固定长度的记录头和变长度的记录内容组成。索引文件存储了每条记录的偏移量及每条记录内容的长度。dBASE 表存储了每条记录的属性特征,每一个属性记录和与之相关的图形一一对应,其记录顺序与主文件中的图形记录顺序一致。投影文件存储了图形投影的相关参数,如投影椭球体、中央经线等。

Shape 文件中所有的内容可以被分为两类。第一类与数据相关,如文件记录内容和文件头的数据描述域(图形类型、边界等)。第二类与文件管理相关,如文件的记录长度和记录偏移量等。

主文件由文件头、记录头和记录内容组成:主文件头总长 100 个字节,是对整个主文件的描述,相当于元数据。存储了文件代码、文件长度、版本、Shape 类型、各坐标维的最大值、最小值等。记录头由 8 个字节组成,存储了该记录数和记录内容的长度。记录内容包含了 Shape 格式的类型和 Shape 格式的几何数据。记录内容的长度取决于这个图形元素包括的部件或环的个数和弧段数。Shape 格式一共有三种基本的图形类型:点、线、面。点(point)是由一对双精度的坐标(Double X,Double Y)组成,X 表示点的 x 坐标,Y 表示点的 y 坐标。线(polyline)是由一系列有顺序的点组成,这些点组成了一个或多个部件。部件是由相互连接的两个或两个以上的点组成的。部件可以分离。PolyLine(Double[4] Box,Integer NumParts,Integer NumPoints,Integer[NumParts]Parts,Point[NumPoints] Points)Box 存储了线的边界矩形坐标,它以最小 x 坐标、最小 y 坐标、最大 x 坐标、最大 y 坐标的顺序来存储。NumParts 表示一条线是由几个部件组成,各个部分可以相交,可以不相交。NumPoints 指一条线的所有部分的总点数。Parts 用来存储每个部件的第一个点在存储点的数组中的索引。Points 存储所有点的数组。面(polygon)由一系列首尾相连的点组成,包含一个或多个环。环是四个或更多个点彼此相连组成的一个闭合的区域。面的存储结构与线的存储结构基本一致。故不再详述。

DBASE 表存储了图形的属性数据,其组织思想、文件结构与主文件一致。DBASE 表必须满足下述几个要求:文件名必须与主文件及索引文件有相同的前缀;每个形状的特征必须有相应的一条记录与之相联系;记录的顺序必须与主文件中的记录顺序相一致;DBASE 文件中的年份必须是 1990 年以后。索引文件、投影文件的组织思想与上述文件表雷同。

4.1.3　Geodatabase

Geodatabase 是 ESRI 公司从 Arcinfo 8 开始推出的新的面向对象的地理数据模型。它是将空间对象的属性和行为结合起来的统一的、智能化地理数据模型。所谓"统一",在于 Geodatabase 之前所有的空间数据模型都不能在一个同一的模型框架下对 GIS 通常所处理和表达的地理空间要素,如矢量、栅格、三维表面、网络、地址等,进行统一的描述。所谓"智能化",是指在 Geodatabase 模型中,地理空间要素的表达较之以往的模型更接近于我们对现实事物对象的认识和表述方式。GIS 数据集中的属性可以赋予自然行为,属性间的任何类型的关系都可以在 Geodatabase 中定义。

Geodatabase 中引入了地理空间要素的行为、规则和关系,当处理 Geodatabase 中的要素时,对其基本的行为和必须满足的规则,我们无需通过程序编码;对其特殊的行为和规则,则可以通过要素扩展进行客户化定义。这是其他任何空间数据模型都做不到的。

从最初级的层次上讲,ArcGIS Geodatabase 即是存放在同一位置的各类型地理数据集的集合。存放位置可以是同一系统文件夹、同一 Access 数据库或者同一个多用户关系型数据库管理系统(DBMS,例如 Oracle、Microsoft SQL Server、PostgreSQL、Informix 或者 IBM DB2)。Geodatabase 的规模各异,小至基于文件构建的单用户数据库,大至可被多人访问的工作组级,部门级和企业级 Geodatabase。

4.1.4　ArcXML

ArcIMS 使用 XML 作为它的通讯和交互语言。ArcIMS 公开发布的 XML 语言叫做 ArcXML。它提供了访问所有的 ArcIMS 功能的能力。ArcIMS 中所有客户端请求和服务器端的响应都是以 ArcXML 编码的。

XML 是由万维网联盟(W3C)组织制定的一种互联网上交换和表达数据的标准,它是一套定义语义标记的规则。完整的 XML 主要包括四部分:XML 文档;文档类型定义 DTD (Document Type Defination);级联样式表(Cascading Style Sheets)或可扩展的样式语言 XSL(eXtenaible Style Language);可扩展链接语言 XLink(eXtensible Link Language)。它们的功能分别为:XML 文档中描述了存储数据的实体内容;DTD 定义了 XML 文件中的元素、元素的属性以及元素与元素属性的关系,规定了 XML 文档的逻辑结构;CSS 或 XSL 规定了文档的具体表现形式;XLink 或 XPointer 则将建立 XML 文档与 Web 上的简单链接 (W3C Recommendation,2001)。

4.2　Geodatabase 数据模型

Geodatabase 是地理信息的物理存储方式,并主要保存在一个数据库管理系统或者文件系统中。

4.2.1　Geodatabase 模型结构

Geodatabase 拥有一套全面的信息模型来表达和管理地理信息。这套模型主要是通过一系列包含要素类、栅格数据集以及属性值的表来实现的。除此之外,高级的 GIS 数据对象中还添加了 GIS 行为、用以确保空间完整性的规则以及处理众多空间关系(包括核心要素数据、栅格数据以及属性数据间的关系)的工具。模型结构如图 4-2 所示。

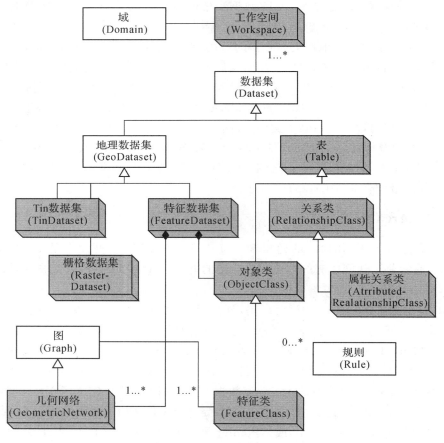

图 4-2　Geodatabase 数据模型结构

- 对象类(ObjectClass)

在 Geodatabase 中,对象类是一种特殊的类,它没有空间特征,其实例为可关联某种特定行为的表记录,例如某块地的主人。在"地块"和"主人"之间,可以定义某种关系。

- 要素类（FeatureClass）

地理要素类是具有相同属性集、相同行为和规则的空间对象的集合，如河流、道路、植被、用地、电缆等。

- 关系类（RelationshipClass）

关系类定义两个不同的要素类或对象类之间的关联关系。例如：我们可以定义房主和房子之间的关系、房子和地块之间的关系等。

- 要素数据集（FeatureDataset）

要素数据集是具有相同空间参考系（Spatial Reference）的要素类集合。

将不同的要素类放到一个要素数据集下的理由一般有以下三种情况：

（1）专题归类表示。当不同的要素类属于同一范畴时，应归为同一个要素数据集。例如：全国范围内某种比例尺的水系数据，其点、线、面类型的要素类可组织为同一个要素数据集。

（2）创建几何网络（GeometricNetwork）。在同一几何网络中充当连接点和边的各种要素类，必须组织到同一要素数据集中。例如：在配电网络中，有各种开关、变压器、电缆等，它们分别对应点或线类型的要素类，在配电网络建模时，我们要将其全部考虑到配电网络对应的几何网络模型中去。

（3）考虑平面拓扑（Planar topologies）。共享公共几何特征的要素类，如用地、水系、行政区界等。当移动其中的一个要素时，其公共的部分也要求一起移动，并保持这种公共边关系不变。

- 域（Domains）

域指定义属性的有效取值范围。其可以是连续的变化区间，也可以是离散的取值集合。

- 规则（Rules）

这里指对要素类的行为和取值加以约束的规则。例如：规定不同管径的水管要连接，必须通过一个合适的转接头。规定一块地可以有一到三个主人。

在 Geodatabase 数据库中，Geodatabase 是最高层次的地理数据单元，所有的地理数据由一个或多个 Geodatabase 组成。一个 Geodatabase 由多个抽象数据集（datasets）组成。数据集通过继承得到四个可创建对象，即：Tin 数据集、栅格数据集、要素数据集和表。其中 Tin 数据集、栅格数据集和特征数据集又由抽象地理数据集派生而来，它们可归纳为地理空间数据。表对象相当于地理属性数据。Tin 数据集是指一套带有 z 值的不规则三角网，用它来精确表示表面。栅格数据集是存贮有不同光谱或分类值的多光谱带的一个简单数据集或一个复合数据集。特征数据集是具有相同空间参考系（Spatial Reference）的特征类集合。它由几何网络和对象组成。特征类还可派生为点、线和面三种特征。数据集中的另一类地理数据（属性数据）表通过继承可以得到属性关系类和对象类。属性关系类是一张存贮特征与特征之间或对象与对象之间的关联的表。对象类则是用于关联行为的表。对象类向下可泛化为特征类，并为特征类制定了相应的约束机制，即规则；对象类同时又与几何网络组合成特征数据集，而且对象类又继承自表，这就把地理空间数据和属性数据联系在一起。

4.2.2　Geodatabase 数据模型的优点

Geodatabase 数据模型是在汲取以往数据模型工作成果的基础上，采用面向对象的思想而提出的一种适用于关系型数据库管理系统的空间数据模型。它的许多优点是以往空间数据模型所不具备的。

1. 异构数据逻辑统一

Geodatabase 数据模型在逻辑上统一了 ArcInfo 以往的空间数据模型,为上层应用提供了统一的数据接口。Geodatabase 的空间对象集不仅可以表达关系型数据库中的地理数据,同时也可以表达 Coverage 和 Shapefile 格式的空间数据。在开发中,统一的数据接口可以降低应用程序与数据结构的相关性,提高代码的可重用性。同时,由于数据模型与数据格式的无关性,也使得不同的 ArcInfo 数据源在应用系统中可实现无缝集成,即在同一个系统中无需数据转换就可以同时处理不同格式的空间数据。

2. 面向对象模型设计

Geodatabase 数据模型不仅接近于人类对现实事物对象的认识和表述方式,而且还具有较好的客户化能力和可扩展能力。在基于 Geodatabase 模型的应用中,面向用户的不再是抽象的点、线、面,而是面向具体应用的一些实体,如水井、河流、湖泊等。模型中对象间的组成关系、层次关系也接近现实状况,从而清晰易懂。另外,由于对象的可继承性和可扩充性,从而可使用户基于已有的基础对象构建出符合需求的对象。

3. 内嵌空间规则

将行为、关系、规则引入地理要素,不仅可以充分表达空间数据之间的关系,同时也使应用中的空间数据的录入和编辑更加准确。例如:我们可将"烟酒店不能设在距小学 1km 的范围内"等规则加入到某些应用的数据编辑中,从而使空间数据更加准确。

4. 空间属性一体化存储

Geodatabase 可将空间数据和属性数据集成在同一关系型数据库中,改变了传统模型中两者仅通过 ID 联系的状态,实现了严格意义上的地理空间数据库。同时,它也可以充分利用关系型数据库高效的数据管理能力。

5. 支持网络拓扑

Geodatabase 对网络拓扑的描述非常丰富(如设施网络和街道网络),而且随着各种编辑操作的产生 Geodatabase 会主动维护现行网络拓扑关系,从而避免了拓扑重建这样一个重复、冗长的操作。而 Coverage 数据模型是通过编辑和拓扑重建支持拓扑从生成到死亡的周期。

4.2.3　Geodatabase 数据模型的缺点

虽然 Geodatabase 模型是在新时期针对新要求利用新理论提出的一种全新的数据模型,但是由于空间数据的复杂性,Geodatabase 模型仍有其可不避免的缺点,主要表现在下几方面:

1. Geodatabase 不能充分地描述因空间实体的组合关系而带来的约束规则

在 Geodatabase 中可以通过关系类定义两类 FeatureClass 间的 1 对多的组合关系,但是对于"组合与被组合对象间空间位置和属性信息的约束规则"并未给予描述。为了充分发挥面向对象封装、继承等特点,空间数据模型中应对常见的约束规则给予充分的描述,并支持约束规则的级联使用。

2. Geodatabase 不涉及时空数据的表达与处理

与以往空间数据模型一样,Geodatabase 只是对静态空间数据的描述,不涉及动态时空数据的描述。但是"与地理现象和过程相关的时空变化信息"在空间决策分析系统中起着不可忽视的作用,因此,支持时空数据的表达与处理是空间数据模型发展的必然趋势。

3. Geodatabase 在用户请求空间数据时没有突破图层的概念

Geodatabase 数据模型仍以图层作为用户获取数据的主要手段,降低了数据请求的灵活性。例如:在海量空间的数据库中,用户常常需要的不是整层的信息,而是层中的部分信息;在时空数据库中,用户需要的某一时刻的信息可能是按照某种条件查到的空间对象的集合。这些应用都要求用户获取数据的接口已不再是狭义的图层,而是满足某种条件的动态空间对象集。而以图层为条件组织空间数据仅仅是动态对象集的一个实例。

Geodatabase 数据模型仅是一种逻辑模型,它仅在代码级实现了面向对象。由于目前面向对象数据库技术尚不成熟,只能将面向对象的空间实体存储于对象—关系型数据库中,于是,空间实体的存储需中间件将其属性与规则分解后方能存储,而空间实体的组合也要通过中间件来处理。因此,Geodatabase 数据模型仅是一种逻辑模型,它仅在代码级实现了面向对象。这种复杂、繁琐的分解与组合操作将降低系统的工作效率,同时阻碍了空间实体规则的继承与派生。

随着对象型数据库技术的成熟,面向对象的时空数据模型是 GIS 数据存储模型的必然趋势。

4.3　Geodatabase 类型

地理数据库是用于保存数据集集合的"容器",有以下三种类型:

1. 文件地理数据库

这类数据库会以包含若干文件的文件夹的形式将数据集存储在计算机上。每个数据集作为一个文件进行存储,文件大小可达 1TB(还可以选择将文件地理数据库配置为存储更大的数据集)。文件地理数据库可跨平台使用,还可以进行压缩和加密,以供只读和安全使用。

2. 个人地理数据库

在这类数据库中所有的数据集都存储于 Microsoft Access 数据文件内,整个个人地理数据库的存储大小被有效地限制为介于 250MB 和 500MB 之间,并且只在 Windows 上提供支持。

3. ArcSDE 地理数据库

这类数据库使用 Oracle、Microsoft SQL Server、IBM DB2、IBM Informix 或 PostgreSQL 存储于关系数据库中。这些多用户地理数据库需要使用 ArcSDE，在大小和用户数量方面没有限制。如果想要在地理数据库中使用历史存档、复制数据、使用 SQL 访问简单数据或在不锁定的情况下同时编辑数据，则需要使用 ArcSDE 地理数据库。

4.3.1　文件地理数据库

文件地理数据库和个人地理数据库是专为支持地理数据库的完整信息模型而设计的，它包含拓扑、栅格目录、网络数据集、Terrain 数据集、地址定位器等，ArcView、ArcEditor 和 ArcInfo 的所有用户可免费获取这两种地理数据库。单用户可以对文件地理数据库和个人地理数据库进行编辑。这两种地理数据库不支持地理数据库版本管理。使用文件地理数据库时，如果要在不同的要素数据集、独立要素类或表中进行编辑，则可以同时存在多个编辑器。

文件地理数据库是在 ArcGIS 9.2 后发布的新地理数据库类型。其旨在执行以下操作：

(1)为所有用户提供可用范围广泛、简单且可扩展的地理数据库解决方案。

(2)提供能够跨操作系统工作的可移植地理数据库。

(3)通过扩展可处理非常大的数据集。

(4)性能和可扩展性极佳。例如，要支持包含超过 3 亿个要素的单个数据集，并支持可扩展为每个文件超过 500GB(且可获得极佳的性能)的数据集。

(5)使用性能和存储能力都得到优化的高效数据结构。文件地理数据库所使用的存储空间约为 shapefile 和个人地理数据库所必需的要素几何存储空间的三分之一。文件地理数据库还允许用户将矢量数据压缩为只读格式，以进一步降低存储要求。

(6)在涉及属性的操作方面优于 shapefile，数据大小限制可进行扩展，可使其超出 shapefile 限制。

4.3.2　个人地理数据库

自从个人地理数据库最初在 ArcGIS 8.0 版本中首次发布以来，ArcGIS 中一直在使用个人地理数据库，该地理数据库使用了 Microsoft Access 数据文件结构(.mdb 文件)。它们支持的地理数据库的大小最大为 2GB。不过，在数据库性能开始降低之前，有效的数据库大小会较小(介于 250MB 和 500MB 之间)。个人地理数据库只能在 Microsoft Windows 操作系统下使用。用户喜欢他们能够通过 Microsoft Access 针对个人地理数据库执行的表操作。许多用户确实喜欢 Microsoft Access 中用于处理属性值的文本处理功能。

出于很多用途，ArcGIS 将继续支持个人地理数据库。不过，多数情况下，ESRI 推荐使用文件地理数据库以实现数据库大小的可扩展性，这样可大幅度提高性能并可跨平台使用。文件地理数据库非常适合处理用于 GIS 投影的基于文件的数据集，非常适合个人使用以及在小型工作组中使用。它具有很高的性能，在不需要使用 DBMS 的情况下能够进行很好的扩展以存储大量数据。另外，还可跨多个操作系统对其进行移植。

通常，用户会针对数据集合使用多个文件或个人地理数据库，并针对他们的 GIS 工作同时访问这些地理数据库。

4.3.3　ArcSDE 地理数据库

如果需要一种多位用户可同时编辑和使用的大型多用户地理数据库,则 ArcSDE 地理数据库可提供一种极佳的解决方案,可用于管理共享式多用户地理数据库和支持多种基于版本的关键性 GIS 工作流。

ArcSDE 地理数据库适用于多种 DBMS 存储模型(IBM DB2、Informix、Oracle、PostgreSQL 和 SQL Server)。ArcSDE 地理数据库使用范围广泛,主要适用于个人、工作组、部门和企业设置。它们充分利用 DBMS 的基础架构以支持以下内容:

- 超大型连续 GIS 数据库;
- 多位同步用户;
- 长事务和版本化工作流;
- 对 GIS 数据管理的关系数据库支持(为保证可伸缩性、可靠性、安全性、备份以及完整性等提供建立关系数据库的优势);
- 所有支持的 DBMS(Oracle、SQL Server、PostgreSQL、Informix 和 DB2)中的 SQL 空间类型;
- 可适应大量用户不同要求的高性能。

通过许多大型地理数据库的安装启用,我们发现在将 GIS 数据所需的大型二进制对象移入和移出表格时 DBMS 的效率极高。此外,与基于文件的 GIS 数据集相比,GIS 数据库的容量更大且支持的用户数量也更多。

4.3.4　三种类型的地理数据库比较

在表 4-1 中,我们将三种类型的地理数据库进行了比较。

表 4-1　三种 Geodatabase 类型的对比

特征	ArcSDE 地理数据库	文件地理数据库	个人地理数据库
描述	在关系数据库中以表形式保存的各种类型的 GIS 数据集的集合(为在关系数据库中存储和管理的 ArcGIS 建议使用的本机数据格式)	在文件系统文件夹中保存的各种类型的 GIS 数据集的集合(为在文件系统文件夹中存储和管理的 ArcGIS 建议使用的本机数据格式)	在 Microsoft Access 数据文件中存储和管理的 ArcGIS 地理数据库的原始数据格式。(此数据格式的大小有限制且仅适用于 Windows 操作系统)
用户数	多用户:多位读取者和多位写入者	单个用户和较小的工作组:每个要素数据集、独立要素类或表有多位读取者或一位写入者。浮动使用任何特定文件最终都会导致大量读取者的降级	单个用户和较小的工作组(具有较小的数据集):多位读取者和一位写入者。浮动使用最终会导致大量读取者的降级
存储格式	· Oracle · Microsoft SQL Server · IBM DB2 · IBM Informix · PostgreSQL	每个数据集都是磁盘上的一个单独文件。文件地理数据库是用来保存其数据集文件的文件夹	每个个人地理数据库中的所有内容都保存在单个 Microsoft Access 文件(.mdb)中

续表

特征	ArcSDE 地理数据库	文件地理数据库	个人地理数据库
大小限制可达	DBMS 限制 每个数据集 1TB,每个文件地理数据库可保存很多数据集; 对于超大型影像数据集,可将 1TB 限值提高到 256TB	每个要素类最高可扩展至每个数据集数亿个矢量要素	每个 Access 数据库 2GB,性能下降前的有效限制通常介于每个 Access 数据库文件 250～500MB 之间
版本管理支持	完全支持所有的 DBMS,包括交叉数据库复制、使用检出和检入进行更新以及历史存档	对于使用检出和检入提交更新的客户机和可使用单向复制向其发送更新的客户机,仅支持地理数据库格式	对于使用检出和检入提交更新的客户机和可使用单向复制向其发送更新的客户机,仅支持地理数据库格式
平台	Windows、UNIX、Linux 和与 DBMS 的直接连接,这些 DBMS 可能会在用户的本地网络中的任意平台上运行	跨平台	仅适用于 Windows
安全和权限	由 DBMS 提供	操作文件系统安全	Windows 文件系统安全
数据库管理工具	备份、恢复、复制、SQL 支持、安全等的完整 DBMS 功能	文件系统管理	Windows 文件系统管理
注	需要使用 ArcSDE 技术。ArcSDE for SQL ServerExpress 内含 • ArcEditor 和 ArcInfo • ArcGIS Engine • ArcGIS Server Workgroup 适用于所有其他 DBMS 的 ArcSDE 内含 ArcGISServer Enterprise	还可以只读的压缩格式存储数据以降低存储要求	通常用作属性表管理器(通过 Microsoft Access)

4.4 数据访问

4.4.1 工作空间工厂及其相关组件

工作空间工厂(WorkspaceFactory)是工作空间的发布者,允许客户连接通过一组连接属性定义的工作空间。工作空间表达了一个包含了一个或多个数据集的数据库或数据源。数据集可以是表、特征类、关系类。连接属性用 PropertySet 对象定义,可以保存到连接文件中。

工作空间工厂同时也支持对于基于文件系统的和远程数据库工作空间的连接与访问。ArcGIS 针对各种数据源定义了工作空间工厂组件,如表 4-2 所示。

表 4-2　ArcGIS 中的工作空间工厂

组件库	组件名	说　明
esriDataSourcesGDB	AccessWorkspaceFactory	ESRI Access 工作空间工厂
	ExcelWorkspaceFactory	Excel 工作空间工厂
	FileGDBWorkspaceFactory	File GeoDatabase 工作空间工厂
	InMemoryWorkspaceFactory	内存工作空间工厂
	OLEDBWorkspaceFactory	OleDB 工作空间工厂
	SdeWorkspaceFactory	ESRI SDE 工作空间工厂
	SqlWorkspaceFactory	Sql 工作空间工厂
esriTrackingAnalyst	AMSWorkspaceFactory	Controls functionality for the tracking 工作空间工厂
esriDataSourcesFile	ArcInfoWorkspaceFactory	用于为 Coverage 和表格创建工作空间对象的工作空间工厂
	CadWorkspaceFactory	ESRI Cad 工作空间工厂
	GeoRSSWorkspaceFactory	GeoRSS 工作空间工厂
	PCCoverageWorkspaceFactory	ESRI PC ARC/INFO 工作空间工厂
	SDCWorkspaceFactory	ESRI SDC 工作空间工厂
	ShapefileWorkspaceFactory	ESRI Shapefile 工作空间工厂
	StreetMapWorkspaceFactory	ESRI StreetMap 工作空间工厂
	TinWorkspaceFactory	提供 TIN 工作空间的访问
	VpfWorkspaceFactory	ESRI VPF 工作空间工厂
esriGISClient	IMSWorkspaceFactory	IMS 工作空间工厂
esriDataSourcesNetCDF	NetCDFWorkspaceFactory	提供 NetCDF 工作空间的访问与创建
	PlugInWorkspaceFactory	ESRI Plug-In 工作空间厂
esriDataSourcesRaster	RasterWorkspaceFactory	提供栅格工作空间的访问与创建
esriDataSourcesOleDB	TextFileWorkspaceFactory	Text File 工作空间工厂
esriGeoprocessing	ToolboxWorkspaceFactory	用来打开工具条的工作空间厂

图 4-3 所示为工作空间工厂组件,利用接口 IWorkspaceFactory 可以指向一个工作空间工厂对象。每个工作空间工厂维系一个当前连接的数据池,活动工作空间由应用程序直接指向。当调用 Open 方法打开某个工作空间时,工作空间工厂首先检查该连接属性所对应的工作空间是否已被打开,如果已打开,直接返回现有实例对象的指针;否则,根据连接属性打开一个工作空间。获得工作空间对象后,就可以利用 IWorkspace 接口进行工作空间内数据的访问、编辑、分析等操作了。

4.4.2　打开一个 Shapefile

以下代码示意如何使用工作空间打开一个 Shapefile 文件。建立函数 OpenShapeFeatureClass,输入参数包括 Shapefile 文件名和该文件所在路径,返回值为打开该 Shapefile 文件获得的要素类对象 FeatureClass。

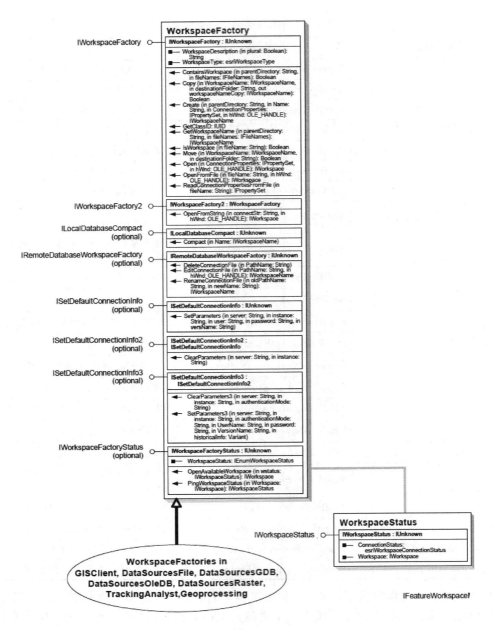

图 4-3　工作空间厂

```csharp
static public IFeatureClass OpenShapeFeatureClass(string shpName, string shpPath)
{
    //新建一个 Shapefile 的工作空间工厂
    IWorkspaceFactory workspaceFactory = new ShapefileWorkspaceFactoryClass();
    //设置 Shapefile 工作空间工厂的连接参数
    IPropertySet propset = new PropertySetClass();
    propset.SetProperty("DATABASE", shpPath);
    //根据连接参数打开工作空间
```

```
IWorkspace workspase＝workspaceFactory.Open(propset,0);
IFeatureWorkspace shpWorkspace＝workspase;
//打开文件名为 shpName 的文件,获取其要素类对象 FeatureClass
IFeatureClass tFeatureClass＝shpWorkspace.OpenFeatureClass(shpName);
return tFeatureClass;
    }
```

4.4.3　打开一个 Access Geodatabase 要素类

以下代码示意如何使用工作空间打开一个 Access 库中一个要素类。建立函数 OpenWorkspaceFromFileAccess,输入参数包括要素类名和该数据库文件所在路径,返回值为打开该要素类获得的要素类对象 FeatureClass。

```
public static IFeatureClass OpenWorkspaceFromFileAccess(string clsName,string DBPath)
    {
    //新建一个 Access 的工作空间工厂
    IWorkspaceFactory workspaceFactory＝new AccessWorkspaceFactoryClass();

    //根据 Access 路径打开一个 Access 工作空间工厂,获得工作空间对象
    IWorkspace workspase＝workspaceFactory.OpenFromFile(DBPath,0);
    IFeatureWorkspace accessWorkspace＝workspase;
    //打开图层名为 clsName 的数据集,获取其要素类对象 FeatureClass
    IFeatureClass tFeatureClass＝accessWorkspace.OpenFeatureClass(clsName);
    return tFeatureClass;

    }
```

4.4.4　图层组件 ILayer

地图图层 Layer 表示的是地图 Map 上的图形信息,并不存储真实的地理数据,而是指向存有实体数据的 Coverage、Shapefile、Geodatabase、Image、Grid 等,Layer 定义如何显示这些地理数据。有些 Layer 并不指向地理数据,如 GroupLayer 指向其他的图层,而 CompositeGraphicsLayer 存储图形。

每种类型的 Layer 指代各种不同类型的数据,主要包括 FeatureLayer、GraphicsLayer、RasterLayer、TinLayer、CoverageAnnotationLayer 以及 GroupLayer。相应地,在 ArcGIS Engine 中提供了对应的组件。图 4-4 所示为图层类 Layer。Layer 是一个抽象类,自身不能进行实例化,是所有要素类、栅格类等的基类。接口 ILayer 的对象,指向 Map 中的某一个图层。

在 Map 中,各图层叠置显示,获取某个 Layer,需要制定其 Index。Map 中各图层的 Index 从底层到顶层其 Index 从 0 开始计数。下面的代码将显示如何将要素类添加到地图以及如何从 Map 中获取指定名称的图层。

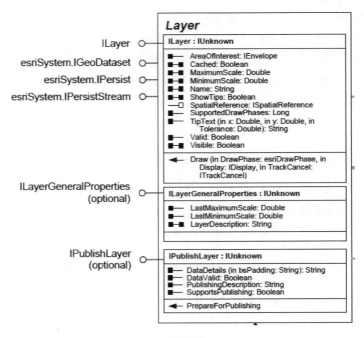

图 4-4　图层类 Layer

1. 要素类对象添加到地图

打开指定的要素类后,只是获得了该数据集的一个指针,如果要在地图中显示数据集,还需要将其作为一个图层添加到地图中。

```
/// 根据图层名从一个 Map 里获取一个图层
public static bool AddFLayer(Imap map, IFeatureClass featureClass, CString lyrname)
{
    ///如果没有给定图层名称,则获取要素类的名称作为图层名称
    if (lyrname == "" || lyrname == null)
    {
        lyrname=featureClass.AliasName;
    }
    iLayer.
    IFeatureLayer featureLayer=new FeatureLayerClass();
    featureLayer.FeatureClass=featureClass;
    featureLayer.Name=lyrname;

    ///将要素图层转换为一般图层,并判断是否成功。若失败,函数返回 false。
    ILayer layer=featureLayer as ILayer;
    if (layer == null)
    {
        return false;
```

```
        }

        ///将创建好的图层添加至地图对象,并根据返回的图层 index 判断是否成功。
long index;
    index=map.AddLayer(layer);
    if (index ==-1) ///若失败,函数返回 false。
    {
      return false;
    }


return true;
}
```

2. 从地图获取要素类对象 ILayer

要对地图中的某个图层进行操作,就需要获取指定信息对应的图层。逐个从地图容器中获取一个个 Layer,然后提取 Layer 的信息进行对比,如果匹配则获得该图层的对象。

```
/// 根据图层名从一个 Map 里获取一个图层
public static ILayer GetFLayer(Imap map, string lyrname)
{
    ILayer iLayer=null;
    if (lyrname == "" || lyrname == null)
    {
        return null;
    }
    for (int i=0; i<mapcontrol. LayerCount; i++)
    {
      ///从一个 Map 里获取第 i 个图层
        iLayer=map.get_Layer(i);
      ///获取其图层名
        string lyrNameTemp=iLayer. Name;
      ///判断图层名是否和输入参数一致,如果一致退出循环
        if (lyrNameTemp == lyrname)
        {
            break;
        }
    }
  ///返回 iLayer
    return iLayer;
    }
```

4.4.5 地理数据集组件

数据集（Dataset）是一个抽象类，代表了工作空间中数据的一个名称的集合。数据集可以包含其他数据集，如图 4-5 所示。所有数据集都支持 IDataset 接口。

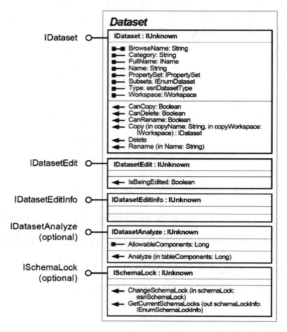

图 4-5　数据集组件

IDataset 接口提供了有关数据集的一些信息和高级管理工具，如复制（Copy）、删除（Delete）和重命名（Rename）。Type 属性返回表示数据集类型的枚举值，如 esriDTTable、esriDTFeatureDataset。下面的例子演示了 IDataset 接口在属性类、属性数据集、工作空间三种不同的组件类中的使用。

1. 表

表（Table）对象具有一个或多个被称为字段（Field）的列，包含一个不排序的行的集合。对于每个字段，各行都有一个数据类型与之吻合的值。表是一个数据集（Dataset），可以通过 IDataset 接口来获取其属性，如表的名称、永久化名称（persistable name）及表所在工作空间。从关系（relationship）的角度看，一个表对象代表了关系数据库的一张表或一个视图（view）。从面向对象的角度看，一个表对象代表了地理数据库中的一个对象类（ObjectClass）或关系类（RelationshipClass）。

2. 对象类

一个对象类（Object Class）是一个每一行对应一个实体的、按照对象属性与行为建模的表。行对象通过支持 IRow 和 IObject 接口的对象传出。一个对象类可以参与到任意数量的关系类中，这些关系类把对象的实例化同另一个对象类相关联。

3. 要素类

一个要素类(Feature Class)是一个以要素为对象的对象类,即按照属性与行为建模的空间实体的集合。一个要素类中的所有特征共享同样的属性模式(schema),具有同样一组字段命名。行对象通过支持 IRow、IObject 和 IFeature 接口的要素对象传出。要素类中有一个 geometry 类型的重要的字段,称为形状(shape)字段,该字段存储要素的形状。

4. 字段

数据集中的每张表都有一个字段的有序集合,表至少含有一个字段。有序集合类似于一个列表,可以通过列表的序列化位置或索引来访问单个字段。

一个字段(Field)具有多重属性,最显而易见的属性是字段的名称和数据类型。esriFieldType 枚举了可能的数据类型。

5. 几何定义

几何定义(GeometryDef)组件类可以从形状字段访问,字段类型为 esriFieldTypeGeometry。真正的几何类型是用 esriGeometryType 枚举值来定义的,尽管目前只有 esriGeometryPoint、esriGeometryMultyPoint、esriGeometryPolyline 和 esriGeometryPolygon 四种 esriGeometryType 枚举值可以被 GeometryDef 对象接收。

6. 索引

索引组(Indexes)对索引(Index)起到类似于字段组(Fields)对字段(Field)起到的作用。空间索引(spatial index)出现在特征类的形状字段上,特征类创建时会自动创建空间索引。属性的索引基于表中一个或多个字段的有序列表,列表顺序取决于解析数据查询时哪个字段时首先使用的。在地理数据库中,有一个属性索引是自动创建的,即对象 ID(Object ID)的索引。

图 4-6 显示了数据集组件相关的几个主要部件。

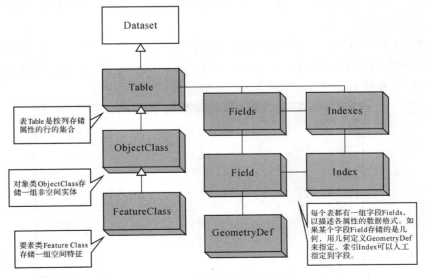

图 4-6　表、对象类、要素类组件

4.5　地理数据列表显示

地理数据列表显示

ArcGIS Desktop 提供了图形和表格两种视图来显示地理数据。可以使用 TableView 等组件来显示地理数据表,但是这些组件只支持 ArcGIS Desktop,不支持 ArcGIS Engine 和 ArcGIS Server。本节将创建表视图对话框,通过对话框中的列表控件来显示地理数据表。下面的例子说明了用 Continents 层的两个字段构造洲一览表的方法。

下面介绍在 Visual Studio 2010 中编写代码,实现用 . NET Framework 提供的 DataGridView 控件显示指定图层的属性数据。本实例的操作对象是"Continents"图层中各个洲的名称数据。

1. 添加控件

在程序的主窗体"空间数据"菜单项的下拉菜单中,添加一个菜单项,"文本"属性为"访问图层数据",控件名为"miAccessData",用于稍后调用"数据展示台"窗体,如图 4-7 所示。

图 4-7　数据访问菜单

2. 添加"数据展示台"窗体

选择当前项目添加一个新的窗体类,将窗体文件命名为"DataBoard. cs"。该窗体用于根据用户不同的要求,展示相应的数据。

窗体添加后,可在右侧属性页,对其部分属性进行修改,比如:"文本"属性可设置为"数据展示台";"尺寸"属性可设置为"400,400";"初始位置"属性可设置为"CenterScreen"等,以使窗体更加美观、实用。

修改完窗体属性后,可向窗体添加以下两个控件:一个文本框,用于显示当前显示数据的名称,其控件名为"tbDataName";一个数据网格视图(DataGridView),"只读"(ReadOnly)属性为 True,其控件名为"dataGridView1"。如图 4-8 所示。

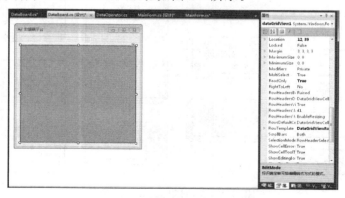

图 4-8　添加控件并设置窗体属性

在当前窗体代码中,新建一个以 String 类型对象和 DataTable 类型对象为参数的构造函数,用于设置展示的数据表名称和数据源。代码如下:

```
public DataBoard(String sDataName, DataTable dataTable)
{
    //初始化窗体及控件。
    InitializeComponent();

    //设置文本框中的文本和数据网格视图的数据源。
    tbDataName.Text = sDataName;
    dataGridView1.DataSource = dataTable;
}
```

3. 添加"数据操作"类

点击"项目"菜单下的"添加类"按钮,Visual Studio 2010 弹出"添加新项"对话框。选中"类",并将类文件命名为"DataOperator.cs"。点击"添加"按钮,即向当前项目添加了一个新的类。该类用于管理当前项目中涉及数据操作的相关功能。如图 4-9 所示。

图 4-9　添加 DataOperator 类文件

类添加后,当前视图自动转至 DataOperator 类的代码页。为该类导入 Geodatabase 和 DataSourcesFile 类库,并添加类库的引用。代码如下:

```
using System.Data;

using ESRI.ArcGIS.Carto;
using ESRI.ArcGIS.Geometry;
```

```
using ESRI.ArcGIS.Geodatabase;
using ESRI.ArcGIS.DataSourcesFile;
```

向类添加一个实现 IMap 接口的成员变量 m_map,保存当前的地图对象,并新建一个以 IMap 接口对象为参数的构造函数,将当前的地图对象传入类内,以添加创建好的 Shape 文件和要素。代码如下:

```
//保存当前地图对象。
public IMap m_map;

//用于传入当前地图对象。
public DataOperator(IMap map)
{
    m_map=map;
}
```

4. 添加"获取地图图层"功能函数

向 DataOperator 类添加成员函数,添加成员函数 GetLayerByName,通过指定的图层名获取对应图层对象。代码如下:

```
public ILayer GetLayerByName(String sLayerName)
{
    //判断图层名或地图对象是否为空。若为空,函数返回空。
    if (sLayerName == "" || m_map == null)
    {
        return null;
    }

    //对地图对象中的所有图层进行遍历。若某一图层的名称与指定图层名相同,则返
    //回该图层。
    for (int i=0; i < m_map.LayerCount; i++)
    {
        if (m_map.get_Layer(i).Name == sLayerName)
        {
            return m_map.get_Layer(i);
        }
    }

    //若地图对象中的所有图层名均与指定图层名不匹配,函数返回空。
    return null;
}
```

　　添加成员函数 GetContinentsNames，获取地图中"Continents"图层，读取各个洲的名称，并以 DataTable 类型返回。代码如下：

```
public DataTable GetContinentsNames()
{
    //获取"Continents"图层，利用 IFeatureLayer 接口访问，并判断是否成功。若失败，
    //函数返回空。
    ILayer layer = GetLayerByName("Continents");
    IFeatureLayer featureLayer = layer as IFeatureLayer;
    if (featureLayer == null)
    {
        return null;
    }

    //调用 IFeatureLayer 接口的 Seach 方法，获取要素指针（IFeatureCursor）接口对象，
    //用于在之后遍历图层中的全部要素，并判断是否成功获取第一个要素。若失败，函
    //数返回空。
    IFeature feature;
    IFeatureCursor featureCursor = featureLayer.Search(null, false);
    feature = featureCursor.NextFeature();
    if (feature == null)
    {
        return null;
    }

    //新建 DataTable 类型对象，用于函数返回。
    DataTable dataTable = new DataTable();

    //新建 DataColumn 类型对象，分别保存各个洲的序号和名称。设置完毕后，加入
    //DataTable 的列集合（Columns）中。
    DataColumn dataColumn = new DataColumn();
    dataColumn.ColumnName = "序号";
    dataColumn.DataType = System.Type.GetType("System.Int32");
    dataTable.Columns.Add(dataColumn);

    dataColumn = new DataColumn();
    dataColumn.ColumnName = "名称";
    dataColumn.DataType = System.Type.GetType("System.String");
    dataTable.Columns.Add(dataColumn);

    //对图层中的要素进行遍历。每获取一个要素，就关联 DataTable 的下一个 DataRow，
```

//将要素在序号和名称字段上的值赋给 DataRow 的对应列中。在"Continents"图层
//属性表中,序号信息在第 0 个字段中,名称信息在第 2 个字段中。相关内容可以通
//过 ArcMap 对地图文档进行查看。

```
DataRow dataRow;
while (feature ! = null)
{
    dataRow = dataTable.NewRow();
    dataRow[0] = feature.get_Value(0);
    dataRow[1] = feature.get_Value(2);
    dataTable.Rows.Add(dataRow);

    feature = featureCursor.NextFeature();
}

//返回设置好的数据表。
return dataTable;
}
```

5. 实现创建地理数据列表功能

为主窗体的"访问图层数据"菜单项生成"点击"事件响应函数,并添加代码运行"数据展示台"窗体,以展示各个洲的名称。代码如下:

```
private void miAccessData_Click(object sender, EventArgs e)
{
//获取保存各个洲名称的 DataTable,将其作为构造函数的参数,新建"数据展示台"窗体
//对象。
    DataOperator dataOperator = new DataOperator(axMapControl1.Map);
    DataBoard dataBoard = new DataBoard(
        "各大洲洲名",
        dataOperator.GetContinentsNames());

//运行载有数据的"数据展示台"窗体对象。
    dataBoard.Show();
}
```

6. 运行结果

运行程序,点击"访问图层数据"菜单项后,程序弹出载有各个洲名称的数据表窗体,该表名称为"各大洲洲名",如图 4-10 所示。

图 4-10　图层数据查询结果

4.6　数据格式转换

4.6.1　地理数据转换组件

地理数据转换类 FeatureDataConverter 是一个实体类，提供了不同数据集，包括文件方式管理的和地理数据库之间的数据转换。如图 4-11 所示，FeatureDataConverter 类为数据转换提供了 5 个接口：IConnectionPointContainer 支持可连接对象的连接点信息；IFeatureDataConverter 用以拷贝或者转换已有表、要素类、要素集到其他位置或者数据库，注意该接口不支持将数据转换到 Coverage；IFetureDataConverter2 接口和 IFeatureDataConverter 在功能上基本一致，但是它增加了对选择集的支持，在地图上选择的要素或者通过指定条件提取的要素集都可以转换成 Shapefile 或者一个新的地理数据库中的要素类；ISupportErrorInfo 接口包含了一个指定接口返回的是否转换成功的错误信息对象，从中可以查看是否转换成功，若不成功是什么错误原因；事件接口 IFeatureProgress（缺省）的成员函数可用来处理要素类或表转换中的过程，获取转换的进度信息。

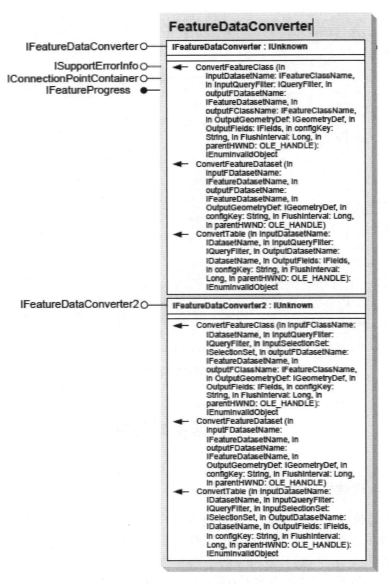

图 4-11　DataConverter 组件

4.6.2　数据转换示例

IFeatureDataConverter 接口支持不同数据集之间的数据拷贝和转换,该接口提供了 3 个方法:ConvertFeatureClass 将一个要素类转换到地理空间数据库的某个要素类;ConvertFeatureDataset 转换要素集;ConvertTable 转换表数据。如果要调用 ConvertFeatureClass 将一个要素类转换到另一个要素类需要准备一些参数,如图 4-12 所示。

```
public IEnumInvalidObject ConvertFeatureClass (
    IFeatureClassNameInputDatasetName,
    IQueryFilterInputQueryFilter,
    IFeatureDatasetNameoutputFDatasetName,
    IFeatureClassNameoutputFClassName,
    IGeometryDefOutputGeometryDef,
    IFieldsOutputFields,
    stringconfigKey,
    intFlushInterval,
    intparentHWND);
```

图 4-12　ConvertFeatureClass 方法

要调用该方法实现数据集之间的数据拷贝或转换需要做两件事情：一是创建一个转换器实例对象，因为 FeatureDataConverter 是一个 CoClass，因此接口 IFeatureDataConverter 对象可以直接实例化；二是准备转换中的参数，输入输出信息以及一些转换控制参数。下面的代码示例如何实现两个工作空间中两个不同数据集之间的数据转换。

```
/// 导出 Featureclass 数据转换示例
/// sourceWorkspace 源工作空间
/// targetWorkspace 目标工作空间
/// nameOfSourceFeatureClass 源要素类名称
/// nameOfTargetFeatureClass 目标要素类名称
/// queryFilter 数据过滤器
/// 返回值为布尔型，是否转换成功

public static bool ConvertFeatureClass(
    IWorkspace sourceWorkspace,
    IWorkspace targetWorkspace,
    string nameOfSourceFeatureClass,
    string nameOfTargetFeatureClass,
    IQueryFilter queryFilter)
{
//创建一个源工作空间名名称 IWorkspaceName 对象 sourceWorkspaceName
IDataset sourceWorkspaceDataset＝(IDataset)sourceWorkspace;
IWorkspaceName sourceWorkspaceName＝(IWorkspaceName)sourceWorkspaceDataset.
FullName;
//创建源数据集名称 IDatasetName 对象 sourceDatasetName
IFeatureClassName sourceFeatureClassName＝new FeatureClassNameClass();
IDatasetName sourceDatasetName＝(IDatasetName)sourceFeatureClassName;
sourceDatasetName. WorkspaceName＝sourceWorkspaceName;
```

```
sourceDatasetName.Name＝nameOfSourceFeatureClass；
//创建一个目标工作空间名名称 IWorkspaceName 对象 sourceWorkspaceName
IDataset targetWorkspaceDataset＝(IDataset)targetWorkspaceName；
IWorkspaceName targetWorkspaceName＝(IWorkspaceName)targetWorkspaceDataset.
FullName；
//创建目标数据集名称 IDatasetName 对象 targetDatasetName
IFeatureClassName targetFeatureClassName＝new FeatureClassNameClass()；
IDatasetName targetDatasetName＝(IDatasetName)targetFeatureClassName；
targetDatasetName.WorkspaceName＝targetWorkspaceName；
targetDatasetName.Name＝nameOfTargetFeatureClass；


//打开输入要素类,并获取其字段定义 sourceFeatureClassFields
ESRI.ArcGIS.esriSystem.IName sourceName＝
    (ESRI.ArcGIS.esriSystem.IName)sourceFeatureClassName；
IFeatureClass sourceFeatureClass＝(IFeatureClass)sourceName.Open()；
//验证源和目标字段名称对象的有效性,因为要实现不同类型数据集之间的转换
IFieldChecker fieldChecker＝new FieldCheckerClass()；
IFields targetFeatureClassFields；
IFields sourceFeatureClassFields＝sourceFeatureClass.Fields；
IEnumFieldError enumFieldError；
//设置字段检查对象的参数,报考源和目标工作空间
fieldChecker.InputWorkspace＝sourceWorkspace；
fieldChecker.ValidateWorkspace＝targetWorkspace；
  fieldChecker.Validate ( sourceFeatureClassFields, out enumFieldError, out
  targetFeatureClassFields)；


//返回信息是否存在不匹配的字段
if (enumFieldError !＝null)
{
    enumFieldError.Reset()；
    IFieldError fieldError ；
    while ((fieldError＝enumFieldError.Next()) !＝null)
    {
      String sErrorMsg；
      sErrorMsg.Format("导出数据时监测到字段匹配错误：{0} ,{1}",
        sourceFeatureClassFields.get_Field(fieldError.FieldIndex).Name,
        fieldError.FieldError.ToString()))；
        MessageBox.Show(sErrorMsg)；
    }
```

```
        return false; //因为存在字段匹配错误,因此直接返回转换失败。
}

// 循环输出字段,找到几何字段
IField geometryField;
for (int i=0; i < targetFeatureClassFields.FieldCount; i++)
{
        if (targetFeatureClassFields.get_Field(i).Type == esriFieldType.
    esriFieldTypeGeometry)
    {
        geometryField=targetFeatureClassFields.get_Field(i);
        // 获取几何字段的几何定义
        IGeometryDef geometryDef=geometryField.GeometryDef;
        //给输出几何字段一个几何索引和格网尺寸
        IGeometryDefEdit targetFCGeoDefEdit=(IGeometryDefEdit)geometryDef;
        targetFCGeoDefEdit.GridCount_2=1;
        targetFCGeoDefEdit.set_GridSize(0, 0);
        targetFCGeoDefEdit.SpatialReference_2=geometryField.GeometryDef.
        SpatialReference;
        //如果要转换所有数据,则数据过滤对象为空即可,不然定义数据过滤条件
        if (queryFilter == null)
        {
            queryFilter=new QueryFilterClass();
            queryFilter.WhereClause="";
        }
        // 装载数据转换类,实现数据转换
        IFeatureDataConverter fctofc=new FeatureDataConverterClass();
        IEnumInvalidObject enumErrors=
            fctofc.ConvertFeatureClass(
                sourceFeatureClassName, queryFilter, null, targetFeatureClassName,
                geometryDef, targetFeatureClassFields, "", 1000, 0);
        // 设置 Flush 自动推送要素参数为 1000
        return true;
    }
}
return false;
}
```

思考与练习

1.地理数据列表显示只是展示指定地理要素类中某个指定字段的列表信息,能否扩展到显示任意要素类所有字段信息的列表显示。

2.书中给出了"数据格式转换"的主体代码,自设计一个交互界面,实现两个不同格式数据文件的转换。

3.能否拓展功能,鼠标双击某一条记录,地图能自动缩放到该记录相应的要素并闪烁。

第 5 章　地图渲染与制图输出

GIS 制图作为地理信息系统输出的一种重要方式,是地理信息系统的基本功能之一。GIS 制图是把地理数据转化为形象、直观的地图符号来表达,便于用图者理解的地图图形的过程。

5.1　地图制作

GIS 制图是一个非常复杂的过程,地图数据的符号化为地图的编制准备了基本的地理数据。在制图输出中为了将准备好的地理数据按照应用的需要,通过一幅完整的地图表达出来,还需要解决一系列问题,包括纸张大小的设置、制图范围的定义、制图比例尺的确定、图名、图例、公里格网、指北针等地图整饰要素的设置。

5.1.1　地理对象的符号化表达方式

地图上需要反映的地理事物极其繁多,代表这些事物的图形图元千姿百态,各种图形图元表现事物的不同特征,按照表达事物的几何特点来区分各种图元种类,包括:

1. 点状图元

点状图元以点定位,用于表示呈点状分布的现象或所占面积不大的事物,又可细分为文字图元、图形图元、位图图元。

2. 线状图元

线状图元用于表示呈线状分布或带状延伸的现象,这种图元不仅反映地物的形状、弯曲程度及延伸方向,还能以宽度、色彩等表示地物的数量或质量特征。

3. 面状图元

面状图元表示现象呈面状分布的图元,在图上占有一定的轮廓范围,中间填充某种个体图元或颜色。

在地图上除了上述基本地理图元信息外,还包含一些其他辅助地理信息,如比例尺、指北针、图例、图框、文字说明、箭形符号等,专题图还有统计图表等,这些辅助元素可以通过提取基本图元信息自动设置,也可以通过专门工具设置,或人工交互定义。

5.1.2 地图制图的要求

地图制图的要求主要表现在颜色、符号形状、注记以及图层管理这四个方面。

1. 颜色的要求

地图上的图形元素除了必要的形状信息外,颜色是一个较为重要的信息,最终地图的视觉效果直接依赖于颜色的设定。由于油墨印刷地图采用减色 YMCK 表色系统,与计算机视屏采用的 RGB 加色系统难以建立一一对应的关系,因此,在通常的制图过程中应建立一套常用的颜色库,制图工作人员可根据经验和具体要求从颜色库中选取颜色,给实际的地理元素赋予特定的颜色。同时,根据特定的着色要求,颜色库应能做到不断扩充,以满足地图色彩多样化的需要。

2. 符号的要求

地图符号是数字地图制图的一个重要部分,无论是点状图元、线状图元还是面状图元都有一些基本的符号单元,如地图上的城市符号、铁路线符号、沼泽地符号等,都是一些最基本的符号信息。

图元可直接由这些基本符号扩展生成:点状图元可由基本符号经旋转、变形、排列得到;线状图元可由基本符号结合点、线顺次铺设排列而成;面状图元可由基本符号结合点、线、面排列填充而得到。每个基本符号的组成相对简单,每个子单元的颜色应满足颜色库的要求。因此,如何建立一个有效的符号编辑管理系统是数字地图制图的一个重要方面。

3. 注记的要求

地图中文字信息,即注记,不同于一般文字处理要求,尤其对中国国内的具体情况,不仅有通常的排版要求,如字体和字号的变化、对齐方式、上下标、分子分母、段落等,更有一些特殊要求,如多角度倾斜、沿线排列、中西文混合排列等,还要解决印刷字体和显示字体不对应所带来的影响。

4. 图层管理

地图中图元信息千变万化,一张普通地图由成千上万个各种类型的图元组成,因此,如何有效地管理图元是数字地图制图需要首先解决的问题。如果把所有的图元放在一起,不仅管理效率低,而且层次不清,不利于制图工作人员编制地图时实施种种操作。通常数字地图制图系统软件多采用分层处理的办法,即把一张地图分为若干图层,每个图层包含一些特定的图元,这些图元可以是同种几何形状,可以是同种地物类别。如根据几何形状可以划分为点状图元、线状图元、面状图元;根据具体地物类别可以分为标记层、河流层、道路层等。

地图符号化的时候以图层为单位,每个图层编制完成后,依照每个图层的特性依次叠加。叠加的宗旨是尽可能不相互覆盖,突出重点要素。利用图层进行管理使得地图层次清晰,而且每层的图元相对较少,种类相对单一,可大大提高操作人员的工作效率,也能更有效地发挥计算机的优势。

5.1.3　地图数据准备

一幅地图通常包括多种类型的数据,要将不同来源、不同格式的数据在同一个地图框架下显示、输出,需要做一些预处理。

不同来源的地图数据在合成时必须使地图投影变换到同一坐标系下,才能进行图层间的多种操作。如果不同来源的地图数据空间参考不同,则需要对数据进行投影转换,将其从一种投影方式转化为地图框架所定义的投影方式。

5.1.4　地图整饰与输出

所谓地图整饰就是地图表现形式、表示方法和地图图型的总称。地图整饰是地图生产过程的一个重要环节,包括地图色彩与地图符号设计、线划和注记的刻绘、地形的立体表示、图面配置与图外装饰设计、地图集的图幅编排和装帧。地图整饰的目的是:根据地图性质和用途,正确选择表示方法和表现形式,恰当处理图上各种表示方法的相互关系,以充分表现地图主题及制图对象的特点,达到地图形式同内容的统一;以地图感受论为基础,充分应用艺术法则,保证地图清晰易读、层次分明、富有美感,实现地图科学性与艺术性的结合;符合地图制版印刷的要求和技术条件,有利于降低地图生产成本。

数据组是地图的主要内容,一幅完整的地图不仅包含反映地理数据的线划及色彩要素,还包含与地理数据相关的一系列辅助要素,如图名、图例、比例尺、指北针、统计图表等,所有这些辅助要素的放置都作为地图整饰操作来说明。

作为一个地图出版系统软件,地图数据经编辑处理后,要求软件最终输出 PS 格式文件,用于分色照排印刷。同时,用绘图仪绘制或打印机打印也应是地图输出的一种方法。在制作过程中,应尽可能保持屏幕显示、打印出图、印刷出图三者的一致性。

5.2　地图显示及其相关组件

可视化是一种计算方法,它将符号或数据转换为直观的几何图形,便于研究人员观察其模拟和计算过程。可视化包括了图像综合,这就是说,可视化是用来解释输入到计算机中的图像数据,并从复杂的多维数据中生成图像的一种工具。ArcGIS 中提供了丰富的可视化设置工具,在 ArcGIS Engine 中也有相应的组件供以实现地图数据可视化。

ArcGIS Engine 类库中的 Carto 类库支持地图的创建和显示。地图可以在一幅地图或由许多地图及其地图元素组成的页面中包含数据。Carto 类库提供了包括 PageLayout、Map 及各种形式的 Layer、Renderer 在内的组件。

PageLayout 对象是驻留一幅或多幅地图及其地图元素的容器。地图元素包括指北针、图例、比例尺等。Map 对象包括地图上所有图层都有的属性——空间参考、地图比例尺等,以及操作地图图层的方法。可以将许多不同类型的图层加载到地图中。不同的数据源通常有相应的图层负责数据在地图上的显示,矢量要素由 FeatureLayer 对象处理,栅格数据由 RasterLayer 对象处理,TIN 数据由 TINLayer 对象处理。图层可以处理与之相关数据的所有绘图操作,而通常图层都是一个相关的 Renderer 对象。Renderer 对象的属性控制着数据在地图中的显示方式。Renderers 通常用 Display 类库中的符号来进行实际绘制,而 Renderer 只是将特定符号与待绘实体的属性相匹配。Map 对象和 PageLayout 对象可以包含元素 Element。Element 用几何图形定义其在地图或页面上的位置,用行为控制元素的显示,包括用于基本形状、文字标注和复杂标注等的元素。Carto 类库还支持地图注释和动态标注。

在应用程序中可以直接使用 Map 和 PageLayout 对象,但通常来说更经常使用更高级的对象,如 MapControl、PageLayoutControl 或 ArcGIS 应用程序。这些高级对象简化了一些任务,尽管它们也提供对更低级别的 Map 和 PageLayout 对象的访问,允许开发者更好地控制对象。

Map 和 PageLayout 对象并不是 Carto 类库中提供地图和页面绘制的仅有对象。MxdServer 和 MapServer 对象都支持地图和页面的绘制,但不是绘制到窗口中,而是绘制到文件中。可以用 MapDocument 对象保存地图和地图文档(.mxd)中页面布局的状态,以便在 ArcMap 或 ArcGIS 控件中使用。

Carto 类库通常可以在许多方面进行扩展,通过自定义 Renderer、Layer 等控制地图数据的显示。

5.3 符号渲染

地理信息的可视化过程,其内容表现在如下几个方面:

1. 地图数据可视化

地图数据可视化最基本的含义是地图数据的屏幕显示。根据数字地图数据的分类、分级特点,选择相应的视觉变量(如形状、尺寸、颜色等),制作全要素或部分要素表示的可阅读的地图。

2. 地理信息可视化

利用各种数学模型,把各类统计数据、实验数据、观察数据、地理调查资料等进行分级处理,然后选择适当的视觉变量以专题地图的形式表示出来,如分级统计图、分区统计图、直方图等。

3. 空间分析结果可视化

空间分析是地理信息系统的一个很重要功能,包括网络分析、缓冲区分析、叠加分析等,分析的结果往往以专题地图的形式来描述。

5.3.1 ArcMap 中的地图渲染

ArcMap 提供了让制图者根据需要对地理数据的显示方式进行设置的功能。这里对要素的基本渲染做一个介绍。

Feature 的常用的绘制方法包括简单渲染、分类渲染、分级渲染、统计图(饼图/直方图)、多属性值渲染等。

1. 简单渲染

在地图中添加一个要素层的时候,如果没有对这个图层预先做渲染设置,通常默认为简单渲染。

　　简单渲染对整个图层中的所有要素使用同一种方式显示，如图 5-1 所示。选择 Features 下面的 Single symbol，右边则会显示所有要素用同一种符号绘制。可以点击 Symbol 框内的符号，在符号选择器对话框（如图 5-2 所示）中选择点符号的形状、颜色、大小、倾斜角度等信息。

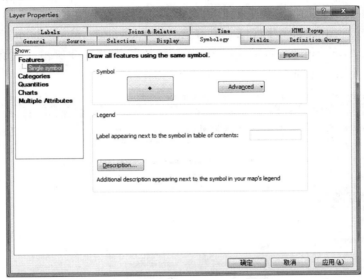

图 5-1　要素层简单渲染

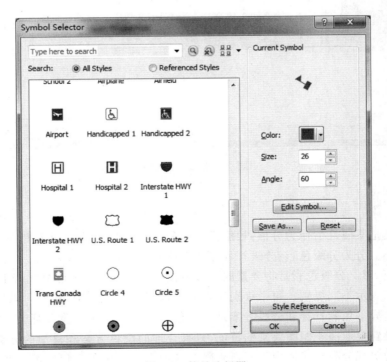

图 5-2　符号选择器

2. 分类渲染

分类渲染根据数据层要素属性值来设置地图符号的方式是分类符号表示方法,将具有相同属性值和不同属性值的要素分开,属性值相同的采用相同的符号,属性值不同的采用不同的符号。利用不同形状、大小、颜色、图案的符号来表达不同的要素。

分类渲染根据要素的某一个字段的数据或某几个字段的组合结果来确定符号,包括唯一值渲染(Unique values)、多字段唯一值渲染(Unique values,many fields)和字段值与样式文件匹配渲染(Match to symbols in a style)三种方式,如图 5-3 所示。具有相同值或相同组合值的要素,使用一样的符号。

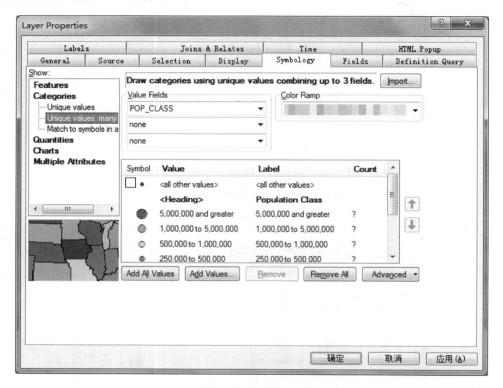

图 5-3　要素层分类渲染

3. 分级渲染

分级渲染把某属性值作为分值,根据设定的分级数目进行划分,并对相应等级附上相应的颜色和大小。分为分级色彩、分级符号和比例符号三种,如图 5-4 所示。

(1)分级色彩。分级色彩是将要素属性数值按照一定的分级方法分成若干级别之后,用不同的颜色来表示不同级别。每个级别用来表示数值的一个范围,从而可以明确反映制图要素的定量差异。色彩选择和分级方案是分级色彩表示方法中的重要环节,因为颜色的选择和分级的设置要取决于制图要素的特征,只有合理的配色方案和科学的分级方法才能将地图中要素的宏观分布规律体现得清晰明确。这种方法多用于人口密度分布图,粮食产量分布图等。

（2）分级符号。分级符号采用不同的符号来表示不同级别的要素属性数值。符号形状取决于制图要素的特征,而符号的大小取决于分级数值的大小或者级别高低。这种表示方法一般用于表示点状或者线状要素,多用于表达人口分级图,道路分级图等。它的优点是可以直观地表达制图要素的数值差异,其中,制图要素分级和分级符号表示是关键的环节。

（3）比率符号。在分级符号表示方法中,属性数据被分为若干级别,在数值处于某一级别范围内的时候,符号表示都是一样的,体现不出同一级别不同要素之间的数量差异,而比率符号表示方法是按照一定的比率关系来确定与制图要素属性数值对应的符号大小。一个属性数值就对应了一个符号大小,这种一一对应的关系使得符号设置表现得更细致,不仅反映了不同级别的差异,也能反映同级别之间微小的差异。

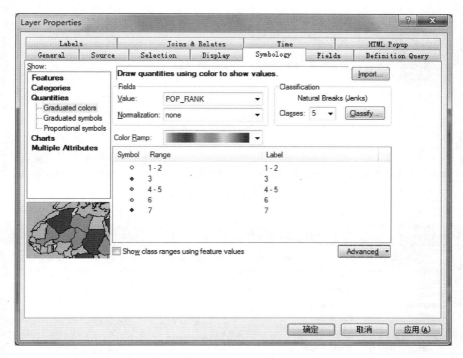

图 5-4　要素层分类渲染

4.统计图

统计图渲染常用于专题地图制作,用于表示地图要素的多项属性。常用的统计图有饼状图、柱状图、累计柱状图等,如图 5-5 所示。饼图主要用于表示制图要素的整体属性与组成部分之间的比例关系;柱状图常用于表示制图要素的两项可比较的属性或者是变化趋势;累计柱状图既可以表示相互关系与比例,也可以表示相互比较与趋势。

5.多属性值渲染

前面的渲染方式只是针对单个要素的一项或多项属性数据或者一项属性的几个组成部分来进行表达。然而在实际应用中,仅仅针对单个要素进行符号设置是不够的,需要使用组合符号表示方法,例如用符号大小表示人口密度,同时用符号颜色表示行政等级,如图 5-6 所示。

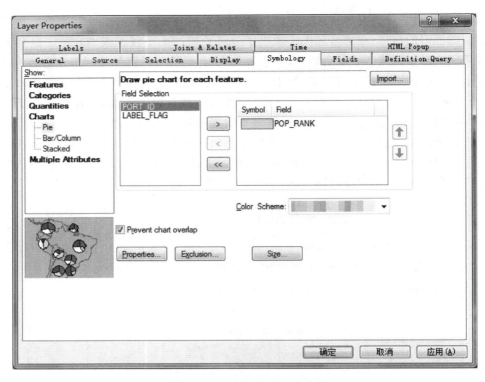

图 5-5　要素层统计图渲染

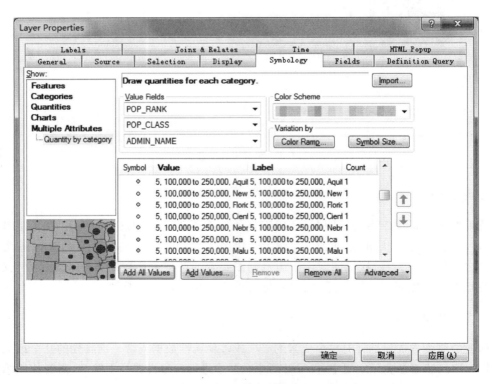

图 5-6　要素层多属性值复合渲染

5.3.2　特征渲染器 Render

一个特征渲染器就是一个特征图层的绘制方法。特征渲染器是用符号和颜色来可视化地显示地理特征,这些符号可能基于特征的某一个或多个属性。如图 5-7 所示,特征渲染器包括:

(1)分级唯一值渲染器(Biunique Value Renderer),组合了单一值渲染器与分级渲染器;

(2)图表渲染器(Chart Renderer),基于每个要素的属性绘制饼图、柱状图和累计柱状图;

(3)分级渲染器(Class Break Renderer),可以用分级的颜色和符号来绘制;

(4)点值渲染器(Dot Density Render),在多边性特征中绘制不同密度的点;

(5)比率符号渲染器(Proportional Symbol Renderer),用不同大小的符号绘制要素,其大小对应某一字段值的比率;

(6)依比例渲染器(Scale Dependent Renderer),由多个渲染组成,每个渲染工作在一定的比例尺范围内;

(7)简单渲染器(Simple Renderer),用同一个符号绘制所有特征;

(8)唯一值渲染器(Unique Value Renderer),根据特征的某一属性值来确定绘制该特征的符号。

每个特征图层都对应着一个特征渲染器。依比例尺渲染器和双值渲染器还包含有其他渲染器。用户可以选择一个渲染器根据字段中不同的值来有区别地显示地理特征。

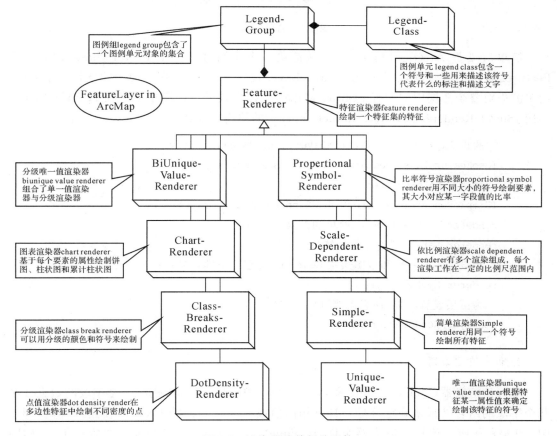

图 5-7　渲染器及其相关组件

1. 简单渲染器

简单渲染器(Simple Renderer)组件类使用同一个符号绘制所有地理特征。如图 5-8 所示,地图符号通常与图层的几何类型相匹配,面状符号绘制多边形,线状符号绘制线,点状符号绘制点。一种例外是,点状符号也可以用到多边形层,这时点会被画在多边形的中心。点状符号可以通过 IRotationRenderer 接口旋转,面状符号可以通过 ITransparencyRenderer 接口透明化。透明化与旋转的量由与每个特征关联的属性值来确定。

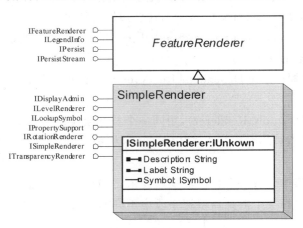

图 5-8　简单渲染器

简单渲染是 ArcGIS Engine 的默认渲染。当我们打开一个 FeatureClass,建立一个 FeatureLayer 的时候,如果没有给 FeatureLayer 设置 Renderer,那么使用的就是简单渲染。简单渲染对整个图层中的所有 Feature 使用同一种方式显示。简单渲染在 ArcGIS Engine 中用 ISimpleRenderer 来表示,ISimpleRenderer 的使用方式如下:

```
//假设 layer 是一个 IFeatureLayer,获取 IGeoFeatureLayer
IGeoFeatureLayer geoLayer=layer as IGeoFeatureLayer;
//构造 SimpleRenderer
ISimpleRenderer renderer=new SimpleRendererClass();
renderer.description="简单的渲染一下";
renderer.Label="符号的标签";
//假设 sym 是一个和该图层中 Geometry 类型对应的符号;
renderer.Symbol=sym;
//为图层设置渲染,注意需要刷新该图层。
geoLayer.Renderer=renderer;
```

2. 唯一值渲染器

唯一值渲染器(Unique Value Renderer)组件类根据 Feature 的某一个字段的数据或某几个字段的组合结果来确定符号。具有相同值或相同组合值的 Feature 使用一样的符号。图 5-9 显示了唯一值特征渲染器组件,IUniqueValueRender 接口指向图层唯一值渲染器;

IRotationRenderer 接口控制符号的旋转角度；ISizeRender 接口控制符号的大小尺寸；ILookupLegendClass 接口控制唯一值与符号的对照关系；ILevelRender 接口设置符号渲染分级的数目；ITransparencyRenderer 接口控制符号显示的透明度。

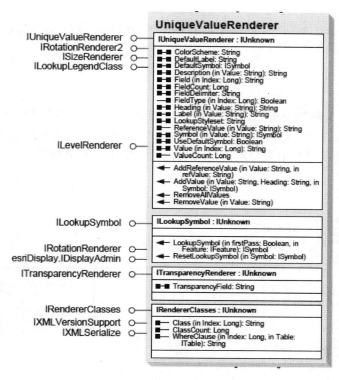

图 5-9   唯一值特征渲染器

基本使用方式如下：

```
//假设 layer 是一个 IFeatureLayer，获取 IGeoFeatureLayer
IGeoFeatureLayer geoLayer＝layer as IGeoFeatureLayer；
//构造一个 UniqueValueRenderer
IUniqueValueRenderer renderer＝new UniqueValueRendererClass();
//假设使用两个字段来渲染
renderer.FieldCount＝2；
//假设 YSLX 字段表示要素类型
renderer.set_Field(0,"YSLX");
//假设 YSYT 字段表示要素用途
renderer.set_Field(1,"YSYT");
//字段之间使用 | 来连接（默认取值）
renderer.FieldDelimiter＝"|";
//设置默认符号
renderer.DefaultSymbol＝defaultSymbol；
renderer.DefaultLabel＝"默认 Label";
```

```
//添加值
renderer.addValue("房屋|民居","民居房屋",MJSymbol);
renderer.addValue("房屋|商业用地","商业用地",SYSymbol);
...
//还可以通过 set_Symbol,set_Heading、set_Value 来修改上述设置。
geoLayer.Renderer＝renderer.
```

3.符号组件

ArcGIS 使用三种类型的符号来绘制地理特征:点状符号、线状符号和面状符号(见图 5-10)。同样,这些符号也被用来绘制图形要素,如地图或页面中的格网线和指北针等。第四种符号——文字符号用于绘制注记和其他的文字项。第五种符号——3D 表格符号用于绘制表格。

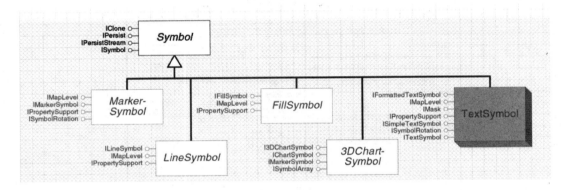

图 5-10　符号组件

点状符号(MarkerSymbol)抽象类表达了各种点状符号的共同属性,即角度、颜色、尺寸、水平偏移和垂直偏移。IMarkerSymbol 接口是 ArcGIS 中所有点状符号对象的首要接口,其他所有点状符号的接口都继承于它。该接口具有 5 个可读写的属性,帮助用户获取或设置各种点状符号的基本属性。

简单点符号(SimpleMarkerSymbol)组件类可以使用一个简单的形状来显示一个点。该组件定义了简单符号的形状和形状的边框。如图 5-11 所示,ISimpleMarkerSymbol 接口继承于 IMarkerSymbol 接口,具有 4 个可读写的属性。样式(Style)属性定义了符号的基本形状,可以被设置为五种用 esriSimpleMarkerStyle 常量表示的形状中的一种。这些简单的形状还可以有一个边框,通过把 Outline 属性设置为 True,并给 OutlineColor 属性赋以一个IColor 接口,就可以实现。

4.样式库组件

绝大多数对象在创建时都有自己默认的符号,因此,用户可以直接修改已有的符号。另一种获取符号的方法是使用样式文件。ArcGIS 使用样式文件存取符号和颜色。系统在安装时有众多的标准样式可供选择,提供了数千个预定义的符号。也可以使用样式编辑器创建自己的样式库(Styles)。

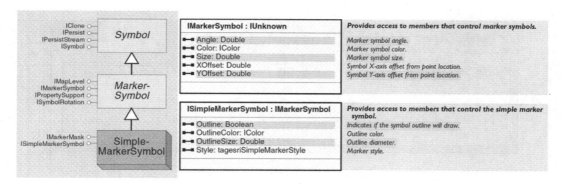

图 5-11　简单点状符号组件

样式库是一组具有一定功能的符号和地图要素的集合(如图 5-12 所示)。例如可以把运输工业用到的符号和地图要素组织到一个运输样式库中。样式库保存在后缀名为".style"的文件中,ESRI 提供了一些样式库文件供用户直接使用,这些文件可以在安装目录的\Bin\Styles 目录下找到。在 ESRI.Style 文件中可以看到很多通用的符号和地图要素;而更多专业领域的样式可以由用户根据行业标准自行定义一个 style 文件。

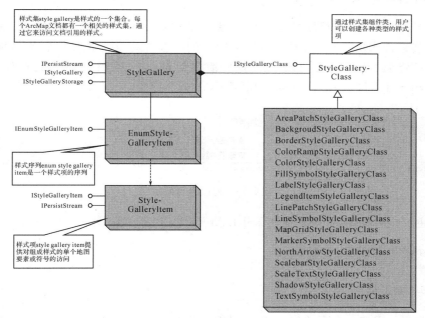

图 5-12　样式库及其相关组件

在 ArcMap 中使用.style 文件管理各类样式,在 ArcGIS Engine 中使用样式必须采用服务器样式库文件 server style file,可以使用服务器样式集制作工具 MakeServerStyleSet.exe 工具将桌面样式库文件转为服务器样式库文件。该工具可以在[安装路径]\Desktop10.0\Bin 下找到。如图 5-13 所示选择.style 文件的所在路径,按[Make]按钮可以为该文件夹下的所有样式库文件转出.ServerStyle 文件。

图 5-13　服务器样式集制作工具

5.3.3　图层基本渲染

图层基本渲染

下面介绍在 Visual Studio 2010 中编写代码,实现获取图层的渲染器类型和符号信息,并统一设置符号的颜色,对图层进行简单渲染。本实例的操作对象为"World Cities"图层。

1. 添加控件

在程序的主窗体上端菜单栏添加一个菜单项,"文本"属性为"地图表现",其控件名为"miCarto"。向该菜单项的下拉菜单中,添加两个菜单项,"文本"属性分别设置为"简单渲染图层"和"获取渲染器信息"(见图 5-14),其控件名分别为"miRenderSimply"和"miGetRendererInfo"。

图 5-14　地图表现菜单

编辑主窗体的代码,为该类导入 ESRI. ArcGIS. Display 类库。

```
using ESRI.ArcGIS.Display;
```

2. 添加"地图编制"类

向当前项目添加一个新的类,将类文件命名为"MapComposer. cs"。该类用于管理当前项目中涉及地图整饰、修改和展示的相关功能。

类添加后,当前视图自动转至 DataOperator 类的代码页,为该类导入部分类库,并将该类的访问控制权限设置为 Public。

```
using ESRI.ArcGIS.Carto;
using ESRI.ArcGIS.Geodatabase;
using ESRI.ArcGIS.Geometry;
using ESRI.ArcGIS.Display;
```

3. 完善"地图编制"类的功能

向 MapComposer 类添加成员函数 GetRendererType，用于获取指定图层的渲染器类型信息。

```
public static String GetRendererTypeByLayer( ILayer layer)
{
    //判断图层是否获取成功。若失败,函数返回"图层获取失败"。
    if (layer == null)
    {
        return "图层获取失败";
    }

    //使用 IGeoFeatureLayer 接口访问指定图层,并获取其渲染器。
    IFeatureLayer featureLayer = layer as IFeatureLayer;
    IGeoFeatureLayer geoFeatureLayer = layer as IGeoFeatureLayer;
    IFeatureRenderer featureRenderer = geoFeatureLayer. Renderer;

    //判断该图层渲染器是否为备选渲染器类型之一,如匹配成功返回其类型信息。
    if (featureRenderer is ISimpleRenderer)
    {
        return "SimpleRenderer";
    }
    else if (featureRenderer is IUniqueValueRenderer)
    {
        return "UniqueValueRenderer";
    }
    else if (featureRenderer is IDotDensityRenderer)
    {
        return "DotDensityRenderer";
    }
    else if (featureRenderer is IChartRenderer)
    {
        return "ChartRenderer";
    }
    else if (featureRenderer is IProportionalSymbolRenderer)
    {
        return "ProportionalSymbolRenderer";
    }
    else if (featureRenderer is IRepresentationRenderer)
    {
```

```
            return "RepresentationRenderer";
        }
        else if (featureRenderer is IClassBreaksRenderer)
        {
            return "ClassBreaksRenderer";
        }
        else if (featureRenderer is IBivariateRenderer)
        {
            return "BivariateRenderer";
        }
```

//若渲染器类型匹配失败,则返回"未知或渲染器获取失败"。
```
        return "未知或渲染器获取失败";
    }
```

//添加静态成员函数 GetRendererType,用于获取指定图层的符号信息。
```
    public static ISymbol GetSymbolFromLayer(ILayer layer)
    {
```
//判断图层是否获取成功。若失败,函数返回空。
```
        if (layer == null)
        {
            return null;
        }
```

//利用 IFeatureLayer 接口访问指定图层,获取到图层中的第一个要素,判断
//是否成功。若失败,函数返回空。
```
        IFeatureLayer featureLayer = layer as IFeatureLayer;
        IFeatureCursor featureCursor = featureLayer.Search(null, false);
        IFeature feature = featureCursor.NextFeature();
        if (feature == null)
        {
            return null;
        }
```

//利用 IGeoFeatureLayer 访问指定图层,获取其渲染器,并判断是否成功。若
//失败,函数返回空。
```
        IGeoFeatureLayer geoFeatureLayer = featureLayer as IGeoFeatureLayer;
        IFeatureRenderer featureRenderer = geoFeatureLayer.Renderer;
        if (featureRenderer == null)
        {
```

```
            return null;
        }


        //通过 IFeatureRenderer 接口的方法获取图层要素对应的符号信息,并作为函
        //数结果返回。
        ISymbol symbol＝featureRenderer.get_SymbolByFeature(feature);
        return symbol;
    }


//添加静态成员函数 RenderSimply,用于统一设置指定图层符号的颜色,并进行简单渲染。
    public static bool RenderSimply(ILayer layer, IColor color)
    {
        //判断图层和颜色是否获取成功。若失败,函数返回 false。
        if (layer == null || color == null)
        {
            return false;
        }


        //调用 GetSymbolFromLayer 成员函数,获取指定图层的符号,并判断是否成功。
        //若失败,函数返回 false。
        ISymbol symbol＝GetSymbolFromLayer(layer);
        if (symbol == null)
        {
            return false;
        }


        //获取指定图层的要素类,并判断是否成功。若失败,函数返回 false。
        IFeatureLayer featureLayer＝layer as IFeatureLayer;
        IFeatureClass featureClass＝featureLayer.FeatureClass;
        if (featureClass == null)
        {
            return false;
        }


        //获取指定图层要素类的几何形状信息,并进行匹配。根据不同形状,设置不
        //同类型符号的颜色。若几何形状不属于 Point、MultiPoint、PolyLine 和 Polygon,
        //则函数返回 false。
        esriGeometryType geoType＝featureClass.ShapeType;
        switch (geoType)
        {
```

```
case esriGeometryType.esriGeometryPoint:
    {
        IMarkerSymbol markerSymbol＝symbol as IMarkerSymbol;
        markerSymbol.Color＝color;
        break;
    }
case esriGeometryType.esriGeometryMultipoint:
    {
        IMarkerSymbol markerSymbol＝symbol as IMarkerSymbol;
        markerSymbol.Color＝color;
        break;
    }
case esriGeometryType.esriGeometryPolyline:
    {
        ISimpleLineSymbol simpleLineSymbol＝symbol as ISimpleLineSymbol;
        simpleLineSymbol.Color＝color;
        break;
    }
case esriGeometryType.esriGeometryPolygon:
    {
        IFillSymbol fillSymbol＝symbol as IFillSymbol;
        fillSymbol.Color＝color;
        break;
    }
default:
    return false;
}


//新建简单渲染器对象,设置其符号。通过 IFeatureRenderer 接口访问它,
//并判断是否成功。若失败,函数返回 false。
ISimpleRenderer simpleRenderer＝new SimpleRendererClass();
simpleRenderer.Symbol＝symbol;
IFeatureRenderer featureRenderer＝simpleRenderer as IFeatureRenderer;
if (featureRenderer ＝＝ null)
{
    return false;
}


//通过 IGeoFeatureLayer 接口访问指定图层,并设置其渲染器。函数返回 true。
IGeoFeatureLayer geoFeatureLayer＝featureLayer as IGeoFeatureLayer;
```

```
            geoFeatureLayer.Renderer＝featureRenderer;
            return true;

    }
```

4. 实现图层简单渲染

为主窗体的"简单渲染图层"菜单项生成"点击"事件响应函数,并添加代码实现对
"World Cities"图层的简单渲染。

```
        private void miRenderSimply_Click(object sender, EventArgs e)
        {
            //获取"World Cities"图层。
            DataOperator dataOperator＝new DataOperator(axMapControl1.Map);
            ILayer layer＝dataOperator.GetLayerByName("World Cities");

            //通过 IRgbColor 接口新建 RgbColor 类型对象,将其设置为红色。
            IRgbColor rgbColor＝new RgbColorClass();
            rgbColor.Red＝255;
            rgbColor.Green＝0;
            rgbColor.Blue＝0;

            //获取"World Cities"图层的符号信息,并通过 IColor 接口访问设置好的颜色对象。
            ISymbol symbol＝MapComposer.GetSymbolFromLayer(layer);
            IColor color＝rgbColor as IColor;

            //实现"Workd Cities"图层的简单渲染,并判断是否成功。若函数返回 true,当
            //前活动视图刷新,显示渲染效果,并使得"图层简单渲染"菜单项不再可用;若
            //函数返回 false,消息框提示"简单渲染图层失败!"。
            bool bRes＝MapComposer.RenderSimply(layer, color);
            if (bRes)
            {
                axTOCControl1.ActiveView.ContentsChanged();
                axMapControl1.ActiveView.Refresh();
                miRenderSimply.Enabled＝false;
            }
            else
            {
                MessageBox.Show("简单渲染图层失败!");
            }

        }
```

为主窗体的"获取渲染器信息"菜单项生成"点击"事件响应函数,并添加代码实现对

"World Cities"图层渲染器类型信息的获取。

```
private void miGetRendererInfo_Click(object sender, EventArgs e)
{
    //获取"World Cities"图层。
    DataOperator dataOperator = new DataOperator(axMapControl1.Map);
    ILayer layer = dataOperator.GetLayerByName("World Cities");

    //消息框提示该图层的渲染器类型信息。
    MessageBox.Show(MapComposer.GetRendererTypeByLayer(layer));
}
```

5.运行结果

运行程序,点击"获取渲染器信息"菜单项后,程序提示"World Cities"图层的渲染器类型信息;点击"简单渲染图层"菜单项,"World Cities"图层被简单渲染,符号为红色点状标记。

在简单渲染"World Cities"图层前后,分别点击"获取渲染器信息"菜单项,可发现该图层的渲染器类型已被改变。如图 5-15 所示,简单渲染前为 UniqueValueRenderer,之后为 SimpleRenderer。

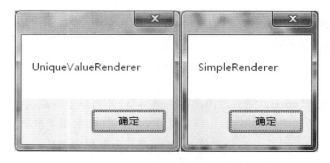

图 5-15　渲染前后渲染器信息对比

5.4　制图输出

地图输出通常有两种方式:第一种是借助打印机或绘图仪硬拷贝输出;第二种是将地图转换成通用格式的栅格图形,便于在其他系统中应用。硬拷贝打印输出需要设置和编制地图对应的打印机或绘图仪,并选定输出纸张。格式转换输出数字地图需要设置栅格采用分辨率,输出格式包括 EMF、EPS 等打印格式、PDF、SVG 以及 BMP、JPEG、PNG、TIGG、GIF 等图片格式(见图 5-16)。

图 5-16　Arcmap 地图输出格式和选项设置

相应地,在 ArcGIS Engine 中也有一套页面组件、打印组件、纸张组件和输出组件支持地图制图的输出。

5.4.1　制图输出相关组件

1. 页面组件

页面布局对象对应着 ArcMap 中的版面视图。ArcMap 运行时会在文档中自动创建一个页面布局对象。可以通过 IMxDocument::PageLayout 属性来访问页面布局对象。该属性是可读写的,用户可以自己创建一个页面布局对象,顶替原有的对象。

页面布局对象与地图对象非常相似,两者都是视图,控制着应用程序的窗口。两者都是图形容器(Graphics Container),可以存放各种图形要素。当布局视图中没有地图被激活,则所有新增要素将被添加到页面布局中;如果是地图被激活,则新增要素将被添加到当前地图中。虽然两者都是图形容器,但是它们所保存的图形要素类型有所不同。两者都可以存放图形要素(Graphics Element),如文字要素。此外页面对象还可以存储框架要素(Frame Element),如地图框架。地图对象包含在地图框架中,而页面对象管理着地图框架。

图 5-17 所示页面布局组件 PageLayout,管理硬拷贝输出的页面布局。其由要素 Element、

页面 Page 和布局设置组成。Element 是地图框架中的各种对象，也包括地图对象；Page 表达布局输出的纸张。为了能够像硬拷贝输出页面那样工作，页面布局对象会自动创建咬合向导、咬合格网、标尺设置。

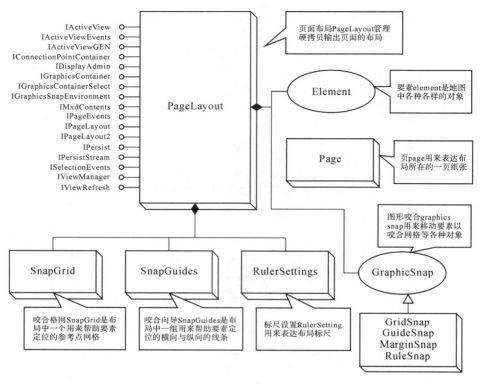

图 5-17　页面布局组件

图 5-18 所示的 IPageLayout 接口是页面布局对象所实现的首要接口。该接口提供一些方法来实现视图缩放、改变当前地图等工作，也可以访问标尺设置、咬合格网、咬合向导以及页对象。

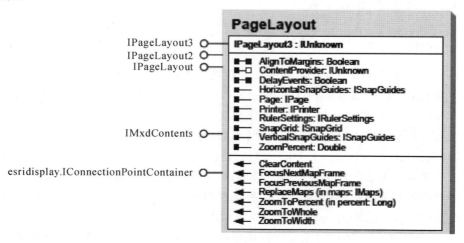

图 5-18　页面布局接口

2. 打印组件

地图打印组件用来实现到绘图仪或打印机这样的硬拷贝（hardcopy）设备的输出（如图 5-19 所示）。

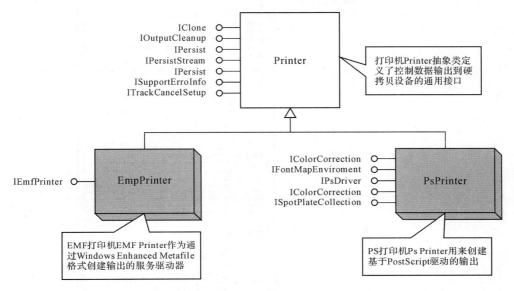

图 5-19　打印组件

有两个打印机对象继承于打印机抽象类：EmfPrinter 和 PsPrinter。每个对象都支持向硬拷贝设备的打印，但是各自有着不同的方法来达到这一目的。选择哪一个对象来发送输出取决于用户希望使用的打印种类以及可获取的打印设备。

如图 5-20 所示，所有 Printer 的对象都实现了 IPrinter 接口。纸张（Paper）属性是根据应用程序所在系统的默认打印机初始化的，用户可以创建自己的纸张对象来使用不同的打印机。PrintToFile 属性使得发送输出到文件成为可能。DoseDriverSupportPrinter 方法允许开发者测得选定的打印机是否受到当前驱动的支持。使用 StartPrinting 方法将返回一个 hDC（指向打印机设备上下文的句柄），接下来可以被用在 IActiveView∷Output 方法中向打印机发送输出。然后可以用 IPrinter∷FinishPrinting 方法直接把所有信息写入打印机或绘图仪内存。

组件类 EmfPrinter 是一种采用 Windows Enhanced Metafile 格式输出的打印机，IEmfPrinter 是它唯一的接口。该接口没有任何属性和方法，只是被用来标志打印机对象是否是一个 Emf 打印机。

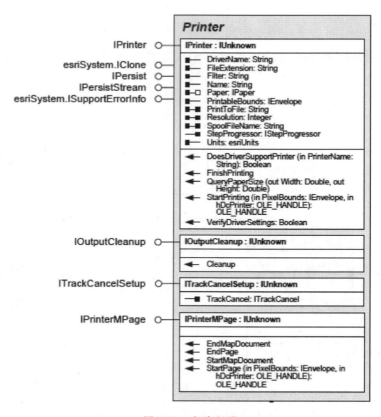

图 5-20　打印机类

3. 纸 张 组 件

纸张(Paper)组件是地图输出中的一个关键组件,如图 5-21 所示。该组件负责维护关于纸张及打印的属性。

应用程序启动时,会根据系统默认的打印机来初始化纸张对象。要是用另外的打印机,开发者必须定义一个新的纸张对象,并且通过 PrinterName 属性来设置到打印机或绘图仪。这样纸张对象就可以通过 IPrinter∷Paper 属性来关联到打印机对象。

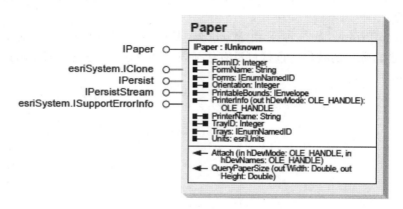

图 5-21　纸张组件

4. 输出组件

地图导出组件用来控制到文件的输出,如图 5-22 所示。输出文件可以用于同其他文档或网页共享地图信息。

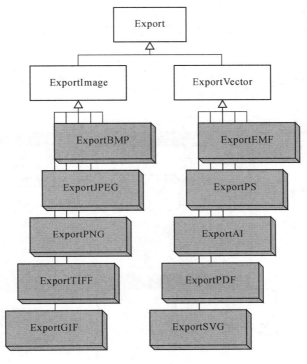

图 5-22　导出组件

导出组件提供对图像文件导出驱动的访问,给出了控制分辨率、比特率、对比度等选项的属性和方法。

影像导出组件执行向位图(bitmap)绘制的命令,位图可以被存储为以下五种不同的栅格格式之一:BMP、JPEG、PNG、TIFF 或 GIF。如果绘制命令是由地图对象产生的,那么 IWorldFileSettings 接口将允许用户输出影像坐标并转换为 word 文件。对每个小于 8MB 的栅格,导出组件从内存读入一个设备无关位图,将它转换为目标影像格式。如果位图大小超过 8MB,将会被导出到一个临时的 EMF 文件,随后被分解绘制到目标格式。用户可以通过创建注册表项来改变这一域值。

矢量导出组件用来把 ArcGIS 自己的绘图命令转换成以下五种矢量图形格式之一:EMF、EPS、AI、PDF 或 SVG。这些对象提供了控制内嵌字体(font embedding)、插入影像分辨率和所减像素采样(downsampling),以及几种与具体格式相关项的属性与方法。

5.4.2　打印页面布局

下面介绍在 Visual Studio 2010 中编写代码,实现打印页面布局控件中保存的当前页面布局。

1.添加控件和类库引用

在程序主窗体的地图控件上方，添加一个页面布局控件（PageLayoutControl），如图5-23所示。该控件的"布局"（Dock）属性为"Fill"，"文档名"属性为与地图控件相同的文件路径，"可视"（Visible）属性为"False"，名称为"axPageLayoutControl1"。

实现页面布局控件
和地图控件切换

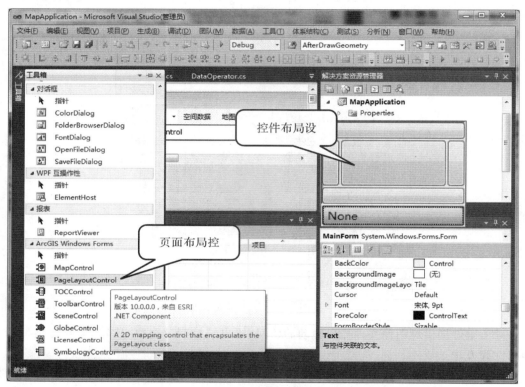

图 5-23　添加页面布局控件

在"文件（File）"菜单项下添加一个菜单项，"文本"属性为"打印"，"可用"属性为"False"，名称为"miPrint"。在"地图表现"下拉菜单中，添加两个菜单项，"文本"属性为"显示地图"和"显示页面布局"，名称为"miMap"与"miPageLayout"。将菜单项"miMap"的"Checked"属性设置为 True，菜单项"miPageLayout"的"Checked"属性设置为 Flase。

添加页面布局控件的同时在工具条添加页面布局对应的工具，如图 5-24 所示。

通过解决方案资源管理器，向当前项目添加 ESRI. ArcGIS. Output 类库的引用，并编辑主窗体的代码，为该类导入 ESRI. ArcGIS. Output 类库。代码如下：

```
using ESRI.ArcGIS.Output;
```

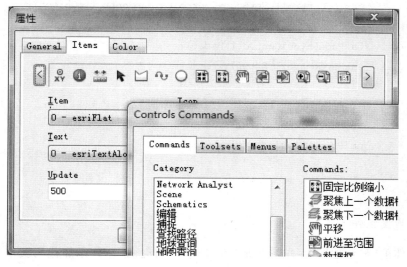

图 5-24　添加页面布局控件工具条

2.显示打印页面布局

为主窗体的"显示页面布局"菜单项生成"点击"事件响应函数,并添加代码实现页面布局视图与地图视图的切换。代码如下:

```
private void miPageLayout_Click(object sender, EventArgs e)
{
    //点击"显示页面布局"菜单项并使其被勾选时,显示页面布局控件,隐藏地图
    //控件,并使工具条控件和 TOC 控件与页面控件进行关联,同时激活"打印"菜单
    //项;反之则做逆向操作。
    if (miPageLayout.Checked == false)
    {
        axToolbarControl1.SetBuddyControl(axPageLayoutControl1.Object);
        axTOCControl1.SetBuddyControl(axPageLayoutControl1.Object);

        axPageLayoutControl1.Show();
        axMapControl1.Hide();

        miPageLayout.Checked = true;
        miMap.Checked = false;
        miPrint.Enabled = true;
    }
    else
    {
        axToolbarControl1.SetBuddyControl(axMapControl1.Object);
```

```
            axTOCControl1.SetBuddyControl(axMapControl1.Object);

            axPageLayoutControl1.Hide();
            axMapControl1.Show();

            miPageLayout.Checked=false;
            miMap.Checked=true;
            miPrint.Enabled=false;
        }
    }
```

3.显示地图控件

为主窗体的"显示地图"菜单项生成"点击"事件响应函数,并添加代码实现页面布局视图与地图视图的切换。代码如下:

```
    private void miMap_Click(object sender, EventArgs e)
    {
        //点击"显示地图"菜单项并使其被勾选时,显示地图控件,隐藏页面布局控件,
        //并使工具条控件和 TOC 控件与地图控件进行关联,同时"打印"菜单项灰化;反
        //之则做逆向操作。
        if (miMap.Checked == false)
        {
            axToolbarControl1.SetBuddyControl(axMapControl1.Object);
            axTOCControl1.SetBuddyControl(axMapControl1.Object);

            axMapControl1.Show();
            axPageLayoutControl1.Hide();

            miMap.Checked=true;
            miPageLayout.Checked=false;
            miPrint.Enabled=false;
        }
        else
        {
            axToolbarControl1.SetBuddyControl(axPageLayoutControl1.Object);
            axTOCControl1.SetBuddyControl(axPageLayoutControl1.Object);

            axMapControl1.Hide();
            axPageLayoutControl1.Show();
```

```
        miMap.Checked=false;
        miPageLayout.Checked=true;
        miPrint.Enabled=true;
    }
}
```

4.添加地图打印功能

为主窗体的"打印"菜单项生成"点击"事件响应函数，并添加代码实
现当前页面布局的打印。代码如下：

打印页面布局

```
private void miPrint_Click(object sender, EventArgs e)
{
    //通过 IPrinter 接口访问页面布局控件默认的打印机，并判断是否成功。若失
    //败，消息框提示"获取默认打印机失败！"。
    IPrinter printer=axPageLayoutControl1.Printer;
    if (printer == null)
    {
        MessageBox.Show("获取默认打印机失败！");
    }

    //消息框提示"是否使用默认打印机：打印机名称？"。若点击"取消"，则退出打
    //印作业。
    String sMsg="是否使用默认打印机："+printer.Name+"？";
    if (MessageBox.Show(sMsg, "", MessageBoxButtons.OKCancel) ==
    DialogResult.Cancel)
    {
        return;
    }

    //通过 IPaper 接口访问打印机的纸张，设置其方向为纵向。
    IPaper paper=printer.Paper;
    paper.Orientation=1;

    //通过 IPage 接口访问页面布局控件的页，设置其打印分页为缩小到一页。
    IPage page=axPageLayoutControl1.Page;
    page.PageToPrinterMapping=esriPageToPrinterMapping.esriPageMappingScale;

    //打印首张页面且无重叠。
    axPageLayoutControl1.PrintPageLayout(1, 1, 0);
}
```

5.运行结果

运行程序,点击并勾选"显示页面布局"菜单项后,程序显示页面布局视图,并激活"打印"菜单项,如图 5-25 所示。

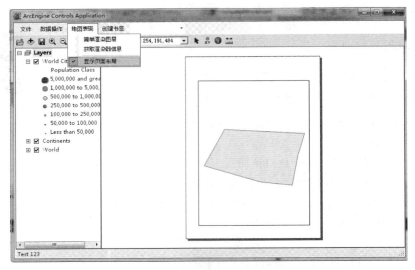

图 5-25　页面布局显示

点击"打印"菜单项,程序对当前页面布局进行打印,如图 5-26 所示。

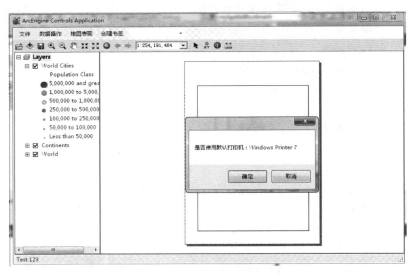

图 5-26　制图输出到打印机

制图文件输出

5.4.3　制图文件输出

1.添加"地图输出菜单项"

在"文件(File)"菜单项下添加一个菜单项,"文本"属性为"地图输出"，"可用"属性为"False"，名称为"miOutput"。"miOutput"的可用属性控制同"miPrint"。

2. 添加地图输出功能

双击菜单，增加按钮单击事件 miOutput_Click，代码如下：

```
private void miOutput_Click(object sender, EventArgs e)
{
        IActiveView docActiveView;
        IExport docExport;
        IPrintAndExport docPrintExport;
        int iOutputResolution=300;

        if (miPageLayout)//如果页面布局是当前视图，则输出页面布局
        {
            docActiveView=axMapControl1.ActiveView;
        }
        else//如果地图是当前视图，则输出地图
        {
            docActiveView=axPageLayoutControl1.ActiveView;
        }

        docExport=new ExportJPEGClass();
        docPrintExport=new PrintAndExportClass();

        //设置输出文件名
        docExport.ExportFileName="D:\\Export.JPG";
    //输出当前视图到输出文件
        docPrintExport.Export(docActiveView, docExport, iOutputResolution, true ,
        null);

}
```

3. 运行结果

切换视图到打印布局，点击"文件"菜单下的地图输出功能，当前视图输出到了文件 D：\
\Export.JPG。

思考与练习

根据设定的纸张大小，自动计算地图打印输出比例尺，并添加比例尺信息至图面。

第6章　空间数据处理

GIS 围绕空间数据的采集、加工、存储、分析和表现展开。空间数据是 GIS 的一个重要组成部分。空间数据包含几何信息和地理特征信息,因此空间数据的处理包括几何与特征的处理。

6.1　数据创建

6.1.1　创建工作空间

工作空间工厂是工作空间的发布者,表达了一个包含一个或多个数据集的数据库或数据源,工作空间的类型视数据源而定,可以是 ShapeFile 或者地理空间数据库。工作空间工厂通过 IWorkspaceFactory 接口的 Create 方法来创建相应的工作空间。

下面的代码演示了如何在指定位置创建 Access 个人数据库工作空间。

```
//输入参数:path,个人数据库所在位置
public static IWorkspace CreateAccessWorkspace(String path)
{
//实例化一个 Access 工作空间工厂并且创建一个个人数据库,返回工作空间名称对
//象 workspaceName
Type factoryType=Type.GetTypeFromProgID(
    "esriDataSourcesGDB.AccessWorkspaceFactory");
IWorkspaceFactory workspaceFactory=(IWorkspaceFactory)Activator.CreateInstance
    (factoryType);
IWorkspaceName workspaceName = workspaceFactory.Create(path, "Sample.mdb",
null,0);

//将工作空间名称对象 workspaceName 转换为名称接口指向的对象 name 并打开工作
//空间
IName name=(IName)workspaceName;
IWorkspace workspace=(IWorkspace)name.Open();
    return workspace;
}
```

6.1.2　要素工作空间及其相关组件

要素工作空间接口 IFeatureWorkspace 用来访问和管理各种基于要素的地理数据库的关键组件:表、对象类、特征类、特征数据集、关系类(见图 6-1)。该接口是工作空间中创建和打开对象与对象类的主要接口。

图 6-1　要素工作空间接口

CreatTable 方法可以用来在工作空间中创建新的表或对象类。

CreateFetureClass 方法可以用来创建独立在数据集之外的要素类。其中 FeatureType 参数定义了该要素类中存储要素的类别,如 esriFTSimple、esriFTComplexEdgeFeature 等; ShapeFieldName 标志了输入字段集中代表要素类的 shape 字段的、类型是 Geometry 的字段名称。Shape 字段关联的几何定义(GeometryDef)对象必须完整地设置空间参考信息和空间索引信息。

CreateFeatureDataset 方法可以用来创建一个新的要素数据集(FeatureDataset),返回的要素数据集对象会提供其中创建要素类的方法。

6.1.3　字段相关组件

字段组对象是指一张表中所有列信息的集合,术语 Field 等同于表中的列。数据库中每个表都有一组有序的字段集合即字段组(Fields)。字段组对象的字段组编辑接口 IFieldsEdit

用以创建字段组集合,或者对已有字段组进行修改、添加、查找、删除等操作,如图 6-2 所示。

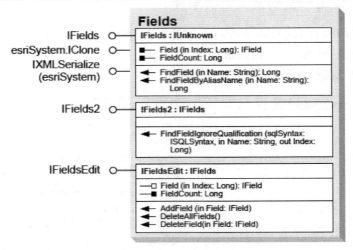

图 6-2 字段组组件

有序的字段集合就像一个列表,也可以从指定位置(索引)访问某个特定字段,即 Field。字段有很多属性信息,其中最明显的就是字段名称和字段类型。字段类型用 esriFieldType 枚举了所有可能的数据类型,如 esriFieldTypeInteger(整形)、esriFieldTypeString(字符串型)、esriFieldTypeGeometry(几何型)等。

字段对象(Field)的字段编辑接口 IFieldEdit 用于创建新字段,提供了一系列字段属性的定义,如图 6-3 所示。

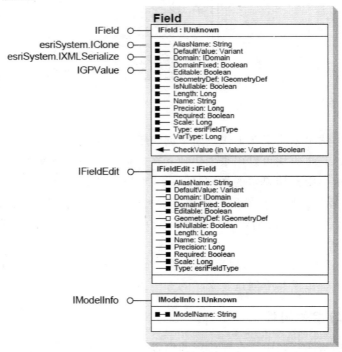

图 6-3 字段组件

6.1.4　地理要素类的创建

地理要素类 FeatureClass 可以通过要素工作空间接口 IFeatureWorkspace 直接创建一个独立的要素类,也可以通过数据集接口 IFeatureDataset 创建隶属于该数据集的要素类。要素类的创建都是通过方法 CreateFeatureClass 实现的:

```
public IFeatureClass CreateFeatureClass (
stringName,
IFieldsFields,
UIDCLSID,
UIDEXTCLSID,
esriFeatureTypeFeatureType,
stringShapeFieldName,
stringConfigKeyword);
```

要素类型参数 esriFeatureType 指明了存储在该要素类的要素是简单要素(esriFTSimple)或者复合要素(esriFTComplexEdgeFeature),并且指定几何字段名称。

Fields 参数传递要素类的字段组。在一个地理空间数据库中创建要素类,在字段中必须有唯一标识字段 Object ID 和一个几何字段 Geometry。

几何定义和集合字段对象关联,必须包含空间参考(允许参考为 Unkown)、格网属性以及几何类型。几何类型 esriGeometryType 枚举了所有要素类的类型,包括点 esriGeometryPoint、多点 esriGeometryMultipoint、线 esriGeometryPolyline、多边形 esriGeometryPolygon 以及多部分 esriGeometryMultiPatch。

值得注意的是,字段组参数不可以是其他类的字段组对象,如果要引用其他对象类的字段组,可以用克隆接口 IClone 克隆一个新的字段组作为输入参数。

CLSID 参数用以标识对象类中会包含何种要素类型。如果 CLSID 为空值 null,地理数据库会返回一个要素实例。如果要素类是用以存储常规要素的,则必须给定要素的 GUID。不然 IClassSchemaEdit 接口能在创建的时候通过要素类的 CLSID 自动创建。

EXTCLSID 参数用以明确实例化要素类的扩展类型。这类对象必须至少支持 IClassExtension 接口。如果该参数为空,则要素类就不含关联的扩展类。因为该参数不是必须的,通常会设置为空值。如果要素类包含扩展,则需要给定扩展类的 GUID,或者,利用 IClassSchemaEdit 接口关联一个类的扩展,在创建时候建立。

FeatureType 参数确定要素类的类型,包含 esriFTSimple、esriFTSimpleJunction 等 9 种类型。其中最常用的是 esriFTSimple,包含多边形(Polygons)、线(Polylines)、点(Points)等。要注意的是,注记并不是几何类型的要素类,如果要创建一个注记类,则需要用 esriFTAnnotation 作为 FeatureType。

ShapeFieldName 参数提供了几何字段的字段名信息,字符串类型。

ConfigKeyword 参数允许应用系统控制 RDBMS 下表格的物理布局。例如,如果要素类要存储在 Oracle 数据库,configuration 关键字控制表在哪个表空间创建,包括原始的和扩展的。

6.1.5　创建一个 Shapefile 文件

下面介绍在 Visual Studio 2010 中编写代码,实现在硬盘的确定路径下创建一个 Shape 文件,将其作为图层添加至当前地图中。

1.添加控件和类库引用

建一个 Shapefile 文件

在程序的主窗体上端菜单栏添加一个菜单项,"文本"属性为"数据操作",其控件名为"miData"。向该菜单项的下拉菜单中添加菜单项,"文本"属性设置为"创建 Shapefile",其控件名为"miCreateShapefile"。之后,通过解决方案资源管理器,向当前项目添加 ESRI.ArcGIS.Geodatabase 和 DataSourceFile 两个类库的引用。

2.添加"创建 Shape 文件"功能函数

创建完 DataOperator 类后,可进一步添加成员函数,以完善类的功能。添加成员函数 CreateShapefile,通过指定的上级路径、文件夹名和文件名,创建一个新的 Shape 文件。代码如下:

```
public IFeatureClass CreateShapefile(
    String sParentDirectory,            //上级路径
    String sWorkspaceName,          //包含 Shape 文件的文件夹名
    String sFileName)               //Shape 文件名

{
    //如果指定的路径和文件夹已经存在,则删除此文件夹。
    if (System.IO.Directory.Exists(sParentDirectory+sWorkspaceName))
    {
        System.IO.Directory.Delete(sParentDirectory+sWorkspaceName, true);
    }

    //通过 IWorkspaceFactory 接口创建针对 Shape 文件的工作空间工场对象,并通过
    //参数创建相关工作空间(文件夹),用于包含 Shape 文件。
    IWorkspaceFactory workspaceFactory=new ShapefileWorkspaceFactoryClass();
    IWorkspaceName workspaceName = workspaceFactory.Create(sParentDirectory,
    sWorkspaceName, null, 0);
    ESRI.ArcGIS.esriSystem.IName name = workspaceName as ESRI.ArcGIS.esriSystem.
    IName;

    //打开新建的工作空间,并通过 IFeatureWorkspace 接口来访问它。
    IWorkspace workspace=(IWorkspace)name.Open();
    IFeatureWorkspace featureWorkspace=workspace as IFeatureWorkspace;

    //Shape 文件在概念层次上是一个要素类。创建并编辑该要素类所需的字段集。
```

```
IFields fields＝new FieldsClass();
IFieldsEdit fieldsEdit＝fields as IFieldsEdit;

//创建并编辑"序号"字段。此字段为要素类必需字段。
IFieldEdit fieldEdit＝new FieldClass();
fieldEdit.Name_2＝"OID";
fieldEdit.AliasName_2＝"序号";
fieldEdit.Type_2＝esriFieldType.esriFieldTypeOID;
fieldsEdit.AddField((IField)fieldEdit);

//创建并编辑"名称"字段。
fieldEdit＝new FieldClass();
fieldEdit.Name_2＝"Name";
fieldEdit.AliasName_2＝"名称";
fieldEdit.Type_2＝esriFieldType.esriFieldTypeString;
fieldsEdit.AddField((IField)fieldEdit);

//创建地理定义,设置其空间参考和几何类型,为创建"形状"字段做准备。
IGeometryDefEdit geoDefEdit＝new GeometryDefClass();
ISpatialReference spatialReference＝m_map.SpatialReference;
geoDefEdit.SpatialReference_2＝spatialReference;
geoDefEdit.GeometryType_2＝esriGeometryType.esriGeometryPoint;

//创建并编辑"形状"字段。此字段为要素类必需字段。
fieldEdit＝new FieldClass();
String sShapeFieldName＝"Shape";
fieldEdit.Name_2＝sShapeFieldName;
fieldEdit.AliasName_2＝"形状";
fieldEdit.Type_2＝esriFieldType.esriFieldTypeGeometry;
fieldEdit.GeometryDef_2＝geoDefEdit;
fieldsEdit.AddField((IField)fieldEdit);

//调用 IFeatureWorkspace 接口的 CreateFeatureClass 方法,创建要素类。并判
//断是否创建成功。
 IFeatureClass featureClass ＝ featureWorkspace.CreateFeatureClass(sFileName,
 fields, null, null, esriFeatureType.esriFTSimple, "Shape", "");
if (featureClass ＝＝ null)
{
    return null;
}
```

　　//将创建好的要素类作为结果返回。

```
    return featureClass;
}
```

　　添加成员函数 AddFeatureClassToMap,将指定的要素类以图层的形式添加到类保存的地图对象中,并同时指定图层的名称。代码如下:

```
public bool AddFeatureClassToMap(
    IFeatureClass featureClass,      //将要被添加的要素类
    String sLayerName)               //图层名称
{
    //判断要素类、图层名和地图对象是否为空。如为空,则函数返回 false。
    if (featureClass == null || sLayerName == "" || m_map == null)
    {
        return false;
    }

    //通过 IFeatureLayer 接口创建要素图层对象,将要素类以层的形式进行操作。
    IFeatureLayer featureLayer = new FeatureLayerClass();
    featureLayer.FeatureClass = featureClass;
    featureLayer.Name = sLayerName;

    //将要素图层转换为一般图层,并判断是否成功。若失败,函数返回 false。
    ILayer layer = featureLayer as ILayer;
    if (layer == null)
    {
        return false;
    }

    //将创建好的图层添加至地图对象。将地图对象转化为活动视图,并判断是否成
    //功。若失败,函数返回 false。
    m_map.AddLayer(layer);
    IActiveView activeView = m_map as IActiveView;
    if (activeView == null)
    {
        return false;
    }

    //活动视图进行刷新,新添加的图层将被展示在控件中。函数返回 true。
    activeView.Refresh();
    return true;
}
```

3. 实现创建 Shape 文件

在主窗体视图设计视图中,为"创建 Shapefile"菜单项生成"点击"事件响应函数,并添加代码调用 DataOperator 类中的相关方法,创建 Shape 文件,并使其以图层形式添加到地图中。代码如下:

```
private void miCreateShapefile_Click(object sender, EventArgs e)
{
    //创建 Shape 文件,将其以要素类形式获取,并判断是否成功。若失败,消息框
    //提示,函数返回空。
    DataOperator dataOperator = new DataOperator(axMapControl1.Map);
    IFeatureClass featureClass = dataOperator.CreateShapefile("C:\\", "
    ShapefileWorkspace", "ShapefileSample");
    if (featureClass == null)
    {
        MessageBox.Show("创建 Shape 文件失败!");
        return;
    }

    //将要素类添加到地图中,其图层名为"Observation Stations"(观测站),并记
    //录其结果。若为 true,将"创建 Shapefile"按钮禁用,消息框提示,函数返回空。
    bool bRes = dataOperator.AddFeatureClassToMap(featureClass, "Observation
    Stations");
    if (bRes)
    {
        miCreateShapefile.Enabled = false;
        return;
    }
    else
    {
        MessageBox.Show("将新建 Shape 文件加入地图失败!");
        return;
    }
}
```

4. 运行结果

运行程序,点击"创建 Shapefile"菜单项后,新建图层"Observation Stations"被显示在地图上。勾选"添加要素"菜单项,在地图上按下鼠标,即可在"Observation Stations"图层上添加要素(如图 6-5 所示)。

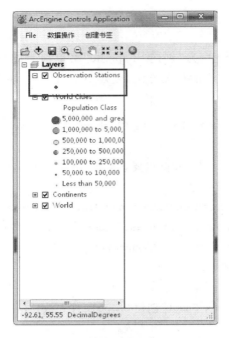

图 6-5　添加新建图层 Observation Stations

6.2　地理要素编辑

地理要素由空间信息和属性信息组成,要素的编辑包括空间信息和属性信息的编辑。本节主要从要素编辑相关组件开始,探讨如何新建地理要素,编辑地理要素。

6.2.1　地理要素相关组件

1.几何组件库

GIS 中的地理要素代表着现实世界中的实体特征,而这些实体特征的位置可通过几何表达。几何就是一个对象定义空间位置和相关几何形状的对象集合。几何组件库(Geometry library)处理要素的几何信息,最基本的几何类型有点(Point)、多点(MultiPoint)、线(Polyline)和多边形(Polygon)等。

如图 6-6 所示,点、线、面这些顶层实体的背后是作为构件服务于折线和多边形的几何(Geometry)。构成几何的图元包括段(Segment)、路径(Path)和环(Ring)。折线和多边形由路径格式的一系列相连的段组成。一个段包括两个有区别的点,即起点和终点,和一个定义了起止点间曲线的要素类型。段的类型有圆弧(Circular Arc)、线(Line)、椭圆弧(Elliptic Arc)和贝塞尔曲线(Bezier Curve)。所有几何对象可以有 Z 值、M 值及 ID 号与其节点(vertex)相对应。基本的几何对象都支持缓冲、剪切等几何操作。

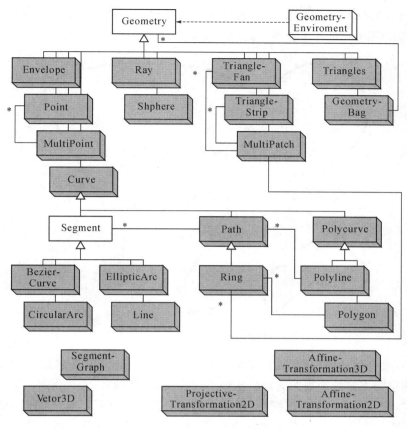

图 6-6　几何对象模型

2.几何抽象类

几何(Geometry)是对所有几何类的抽象,定义了所有几何的公共属性和特性,如图 6-7 所示。几何接口 IGeometry 为所有形状(shape)的组件类所继承。

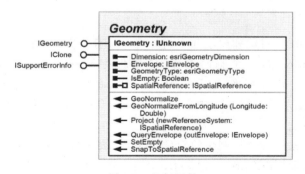

图 6-7　几何组件

在 ArcGIS Engine 组件中,函数传入或传出几何对象的最普通形式是 IGeometry 接口对象,该接口可以用于各种形式的几何对象。IGeometry 提供了访问几何对象属性和行为的方法。

对于一个 IGeometry 对象,可以获取几何的外包框 Envelope。外包框意指能包含几何的最小矩形框。图 6-8 示意了各种不同类型几何形状的外包框。

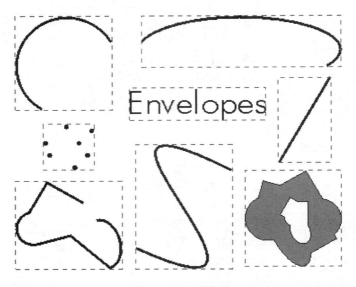

图 6-8　几何外包框

要获取一个几何的外包框,只需要调用方法 getEnvelope。在本书 3.4 举例的空间书签例子中,调用空间书签地图视图会跳转到该书签定义时候所处位置和比例。类似的,如果选择某一要素,想要定位到以该要素为中心的地图范围为该要素范围时,就可以利用 Envelope 获取要素的形心,以此为地图中心,以 Envelope 为地图显示的范围 Extent。

```
IEnvelope geomEnv=null;
geomEnv=geometry.Envelope;
activeView.Extent=geomEnv;
activeView.Refresh();
```

3.记录行、对象与要素

记录行缓冲、记录行、对象和要素几个组件之间具有依次继承的关系,如图 6-9 所示。

行缓冲(RowBuffer)是一个临时对象,能够保存行的状态,但不具备对象的身份。行缓冲主要用在插入游标中作为 InsertRow 方法的参数进行数据加载。可以通过 CreateRowBuffer 方法从 Table 对象中来获取 RowBuffer。IRowBuffer 接口包含了访问行缓冲器状态的一些方法。

记录行(Row)对象是一个实例化的软件对象,代表了数据表中的一个数据行。行对象通常从表的游标中获取(如 ICursor::NextRow),或者直接用对象 ID 从表中取得(ITable:: GetRow)。IRow 接口继承于 IRowBuffer,包含获取和设置行中各字段值的方法。

对象(Object)又叫实体对象(Entity Object),对应着对象类(ObjectClass)的表中的一行。IObject 接口继承于 IRow 接口,并且同 IRow 接口几乎完全一致,唯一新增的是一个直接连接到对象类的属性。

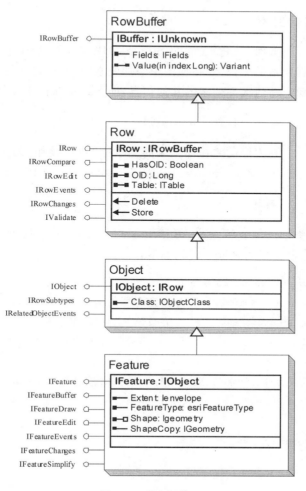

图 6-9 要素组件

要素(Feature)是一个空间对象。同时,作为要素类中的一个成员,要素也对应着要素类的表中的一行。每个要素都有一个关联的形状(Shape),形状的类型由要素类FeatureClass 定义。可能的形状包括点(Point)、多点(MultiPoint)、折线(Polyline)和多边形(Polygon),这些形状都包含在几何对象模型中。

最常见的要素是简单要素。除此之外,esriFeatureType 还枚举定义了注记、尺寸及各种网络要素。用户还可以有自定义的要素类型。值得注意的是,所有要素都有着上述同样的核心几何点、多点、折线和多边形。例如注记要素的几何是文字包络框所对应的多边形。

IFeature 接口扩展了其所继承的 IObject 接口和 IRow 接口,新增了处理形状和属性特征的功能。用户可以用 Shape 属性来获取和设置形状,免去通过 Value 属性来获取时还要找出形状字段对应序号的麻烦。

6.2.2　创建新要素

创建新要素

下面介绍在 Visual Studio 2010 中编写代码,在创建了 6.1.5 中的地理要素类后,实现在地图中添加要素类,并通过鼠标在地图上左键单击来确定新建地理要素的几何信息,向 Shape 文件中添加要素。

1.添加控件和类库引用

在程序的主窗体上端的菜单栏"数据操作"的下拉菜单中,添加一个菜单项"添加要素",其控件名为"miAddFeature",菜单项的"可用"(Enabled)属性为 false。

2.增加"新增要素"函数

在"数据操作"类中添加成员函数 AddFeatureToLayer,在鼠标点击处,在给定名称的图层上新增要素,并指定要素的名称。代码如下:

```
public bool AddFeatureToLayer(
    String sLayerName,          //指定图层的名称
    String sFeatureName,        //将被添加的要素的名称
    IPoint point)               //将被添加的要素的坐标信息
{
    //判断图层名、要素名、要素坐标和地图对象是否为空。若为空,函数返回 false。
    if (sLayerName== "" || sFeatureName == ""|| point == null || m_map == null)
    {
        return false;
    }

    //对地图对象中的图层进行遍历。当某图层的名称与指定名称相同时,则跳出
    //循环。
    ILayer layer=null;
    for (int i=0; i < m_map.LayerCount; i++)
    {
        layer=m_map.get_Layer(i);
        if (layer.Name == sLayerName)
        {
            break;
        }

        layer=null;
    }

    //判断图层是否获取成功。若失败,函数返回 false。
```

```
if (layer == null)
{
    return false;
}


//通过 IFeatureLayer 接口访问获取到的图层,并进一步获取其要素类。
IFeatureLayer featureLayer = layer as IFeatureLayer;
IFeatureClass featureClass = featureLayer. FeatureClass;


//通过 IFeature 接口访问要素类新创建的要素,并判断是否成功。若失败,函数
//返回 false。
IFeature feature = featureClass. CreateFeature();
if (feature == null)
{
    return false;
}


//对新创建的要素进行编辑,将其坐标、属性值进行设置。最后保存该要素,并判
//断是否成功。若失败,函数返回 false。
feature. Shape = point;
int index = feature. Fields. FindField("Name");
feature. set_Value(index, sFeatureName);
feature. Store();
if (feature == null)
{
    return false;
}


//将地图对象转化为活动视图,并判断是否成功。若失败,函数返回 false。
IActiveView activeView = m_map as IActiveView;
if (activeView == null)
{
    return false;
}


//活动视图进行刷新,新添加的要素将被展示在控件中。函数返回 true。
activeView. Refresh();
return true;
}
```

3. 实现添加要素功能

为"添加要素"菜单项生成"点击"事件响应函数,以设置按钮是否被勾选。在勾选的情况下,在地图上按下鼠标才会在新建图层上添加要素。代码如下:

```
private void miAddFeature_Click(object sender, EventArgs e)
{
    if (miAddFeature.Checked == false)
    {
        miAddFeature.Checked = true;
    }
    else
    {
        miAddFeature.Checked = false;
    }
}
```

为地图控件对象添加"鼠标按下"(OnMouseDown)事件响应函数,并添加代码调用 DataOperator 类中的相关方法,在地图鼠标按下处创建要素、添加至新建图层,并显示在地图上。代码如下:

```
private void axMapControl1_OnMouseDown(
    object sender,
    IMapControlEvents2_OnMouseDownEvent e)
{
    //在"添加要素"菜单项被勾选时,进行以下操作。
    if (miAddFeature.Checked == true)
    {
        //新建 Point 类对象,保存鼠标按下位置的坐标信息。
        IPoint point = new PointClass();
        point.PutCoords(e.mapX, e.mapY);

        //在新建图层中添加要素,要素的名称统一设置为"观测站"。
        DataOperator dataOperator = new DataOperator(axMapControl1.Map);
        dataOperator.AddFeatureToLayer("Observation Stations", "观测站", point);
        return;
    }
}
```

4. 运行结果

运行程序,勾选"添加要素"菜单项,在地图上按下鼠标,即可在新建图层"Observation Stations"图层上添加要素(如图 6-10 所示)。

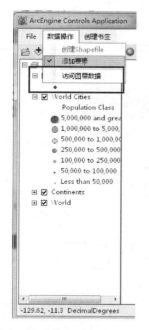

图 6-10　勾选"添加要素"

6.2.3　地理要素交互编辑

地理要素的编辑往往要求用户交互。几何编辑过程中,用户希望能直观地看到每个编辑造成的图形效果,包括鼠标点击绘制过程中,几何图形的实时更新显示;图形节点编辑;各类解析编辑功能等。目的是为了使用户能够更便捷地利用工具在地图上准确地勾绘想要表达的图形信息。地理特征的编辑会包含地理要素类中多个特征字段值的编辑,包括文本型、数字型、枚举型等。

1.编辑交互显示相关组件

(1)显示(Display)

显示(Display)组件抽象着一个制图表面(Drawing Surface)。制图表面是指任意的一个可以用窗口设备上下文描述的硬件设备、输出文件或内存数据流。每个显示管理着自己的转换对象,该对象负责处理现实世界空间与设备空间之间坐标的转换。

显示对象组件帮助应用程序开发人员在各种输出设备上绘制图形。这些对象允许用户将以世界坐标存储的形状渲染到屏幕、打印机和输出文件,提供滚动、备份存储、分页打印等特性,从而轻易实现取景打印。

ArcGIS 提供了两个标准的显示组件:屏幕显示组件 ScreenDisplay 和简单显示组件 SimpleDisplay。前者抽象了普通的应用窗口,实现滚动和备份存储;后者抽象了所有其他的用窗口设备上下文可以渲染到的设备,如打印机、元文件等,如图 6-11 所示。

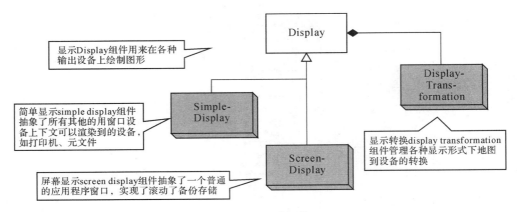

图 6-11　显示组件

显示类 Display 提供 IDisplay 来提供显示组件的访问,IDisplay 接口用来绘制点、线、面、矩形以及文字到设备上,如图 6-12 所示。该接口还提供对 DisplayTransformation 对象的访问。

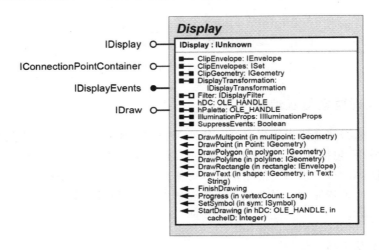

图 6-12　显示类

（2）显示反馈（Display Feedbacks）

显示反馈组件被广泛地用在各种工具和用户界面命令中。开发人员可以通过在鼠标按下、移动、抬起、双击事件中使用这些组件来实现操作可视化。

如图 6-13 所示,显示反馈组件可以分为以下两组：

1）返回新的几何形状的显示反馈。这些对象从接口的 Stop 方法返回一个新的几何,如 NewEnvelopeFeedback、NewBezierCurveFeedback、NewDimensionFeedback 等。

2）仅仅用作显示目的的现实反馈。开发人员需要自行计算新的几何形状。如 MoveGeometryFeedback、MoveImageFeedback。

显示反馈类 DisplayFeedBack 通过 IDisplayFeedback 接口向用户提供了一组细致封装的工具,如图 6-14 所示。当使用鼠标在屏幕上构成形状时,可以控制客户化的可视反馈。用户可以向各种操作中加入精确的可视化反馈,例如在增加、移动或编辑特征和要素形状的时候。

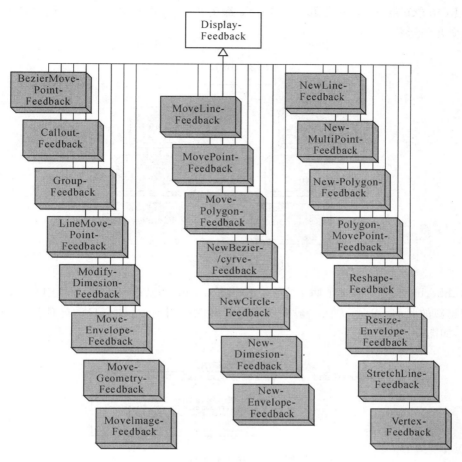

图 6-13　显示反馈组件

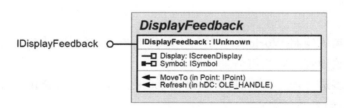

图 6-14　显示反馈类

　　IDisplayFeedback 接口用来定义所有显示反馈组件的公共操作,包括反馈的移动、符号化以及刷新和显示。IDisplayFeedback 接口必须在一个具体的显示反馈对象中,并且同它所派生的一个接口一起使用时才有效。

　　(3)橡皮筋(Rubber Bands)

　　固定多边形的一个或若干个点,挪动一个节点,可以拉伸到任何位置形成不同的形状,这个特性就像扯动橡皮筋的一个点。在 ArcGIS Engine 中提供了橡皮筋组件 Rubber Bands,以便用户在屏幕上用鼠标数字化几何形状,从而创建全新的几何或者修改已有几何。如图 6-15 所示,组件类 RubberPoint、RubberEnvelope、RubberLine、Rubberolygon、

RubberRectangularPolygon 和 RubberCircle 都实现了 IRubberBand 接口,供用户通过鼠标拖动改变几何形状。

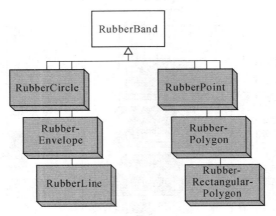

图 6-15　橡皮筋组件

IRubberband 接口提供了两个方法:TrackExisting 和 TrackNew,分别用来移动已有几何和创建新的几何。这些方法一般在鼠标按下事件中调用,组件会自动处理接下来的一系列事件,如图 6-16 所示。

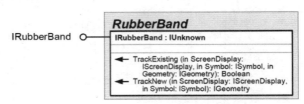

图 6-16　橡皮筋组件接口

2. 交互编辑

下面以交互编辑绘制 World 图层的一个多边形为例,说明在地理要素编辑中如何通过用户交互方式勾绘地理空间几何信息。

要交互绘制多边形需要 INewPolygonFeedback 接口,该接口提供了控制新多边形显示反馈的所有方法,如表 6-1 所示。

表 6-1　INewPolygonFeedback 接口的控制方法

方　法	描　　述
AddPoint	在给定点出创建新结点
Display	反馈对象需要用到的显示设备
MoveTo	移动到新的点
Refresh	要再次显示反馈效果时调用刷新实时查看交互编辑效果
Start	在给定点出开始一个常规的反馈操作
Stop	借宿反馈操作并返回图形结果
Symbol	反馈显示时候要用的符号样式

（1）添加类库引用

通过解决方案资源管理器，向当前项目添加 ESRI.ArcGIS.Display 和 ESRI.Geometry 两个类库的引用。

```
using ESRI.ArcGIS.Geometry;
using ESRI.ArcGIS.Display;
```

（2）新增"绘制多边形"类

在项目添加绘制多边形类"DrawPolygon"。

类添加后，当前视图自动转至 DrawPolygon 类的代码页。为该类导入部分类库，并将该类的访问控制权限设置为 Public。代码如下：

```
//在控件上绘制多边形，并以 Geometry 对象返回
public class DrawPolygon
{
    private IGeometry _polygon＝null;//定义一个几何对象，作为绘制结果
    private INewPolygonFeedback _polyFeedback＝null;//定义一个多边形反馈对象
    private IPoint _startPoint＝null;//多边形起始结点
    private IPoint _endPoint＝null;//多边形终止结点

    private bool _drawStart＝false;//多边形绘制开始标记
    public event AfterDrawGeometry eventAfterDrawGeometry;

    protected AxMapControl myMapControl＝null;
    protected ESRI.ArcGIS.Controls.IHookHelper myHook;

    //返回结果多边形
    public IGeometry Polygon
    {
        get { return _polygon; }
    }

    public override void OnCreate(object hook)
    {
        myHook.Hook＝hook;
        if (myHook == null)
            myHook＝new ESRI.ArcGIS.Controls.HookHelperClass();

        if (_drawStart)
        {
            (myHook.Hook as IMapControl3).CurrentTool＝this;
```

```
            _polyFeedback=new NewPolygonFeedbackClass();
            _polyFeedback.Display=myHook.ActiveView.ScreenDisplay;
        }
    }


    public override void OnClick()//单击鼠标开始绘图或添加结点
    {
        _polygon=null;//每次重设多边形为空值
        _drawStart=true;//开始绘制标记置为 true

        (myHook.Hook as IMapControl).CurrentTool=this;
        _polyFeedback=new NewPolygonFeedbackClass();
        _polyFeedback.Display=myHook.ActiveView.ScreenDisplay;
    }


    public override void OnMouseDown(int Button, int Shift, int X, int Y)
    {
        if (Button == 1)
        {
            if (_startPoint == null)//如果是多边形第一个结点
            {
                _startPoint = (myHook.FocusMap as IActiveView).ScreenDisplay.
                DisplayTransformation.ToMapPoint(X, Y);
                _polyFeedback.Start(_startPoint);//开始多边形绘制
            }
            else
            {
                _endPoint = (myHook.FocusMap as IActiveView).ScreenDisplay.
                DisplayTransformation.ToMapPoint(X, Y);
                _polyFeedback.AddPoint(_endPoint);//添加多边形绘制结点
            }
        }
    }


    public override void OnMouseMove(int Button, int Shift, int X, int Y)
    {
        if (_startPoint != null)
        {
            IPoint movePoint = (myHook.FocusMap as IActiveView).ScreenDisplay.
            DisplayTransformation.ToMapPoint(X, Y);
```

```
        _polyFeedback.MoveTo(movePoint);//鼠标移动过程中实时显示反馈效果
    }
}

public override void Refresh(int hDC)
{
    base.Refresh(hDC);
    if (_polyFeedback ！＝null)
    {
        (_polyFeedback as IDisplayFeedback).Refresh(hDC);//实时显示反馈效果
    }
}

public override void OnDblClick()//双击鼠标结束绘图
{
    _polygon＝_polyFeedback.Stop();
    _startPoint＝null;
    _drawStart＝false;
}
}
}
```

6.3　地图元素编辑

6.3.1　地图元素相关组件

地图元素 Element 是指在地图上出现的所有图形 Graphics 和框架 Frame,如图 6-17 所示。

1. 元素抽象类(Element)

地图页面和数据框架都包含元素(Element),但最普通地被控制的元素是作为地图页面的一部分。要素包含框架元素(FrameElements),用来控制地图;地图图饰框架(MapSurroundFrame),用来控制指北针、比例尺等;图形元素(GraphicElements),用来控制文字元素、点线面元素和图形元素(如图 6-18 所示)。

IElement 接口是所有图形元素和框架都要实现的一般接口。大多数返回图形的方法返回的是一般的 IElement 对象。IElement 接口允许开发者访问对象的几何属性,并且可以使用查询和绘出对象的方法(如图 6-19 所示)。

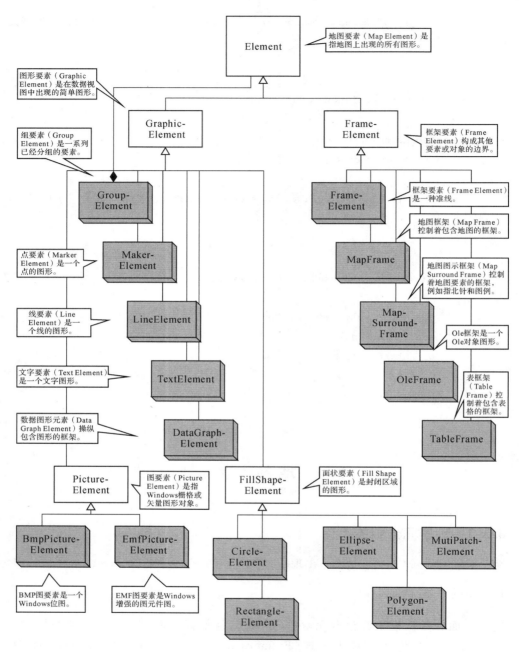

图 6-17　地图元素组件

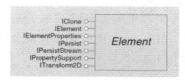

图 6-18　Element 抽象类

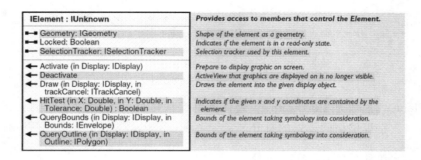

图 6-19   IElement 接口

IElementProperties 接口也是所有图形元素和框架实现的一般接口。这个接口允许开发者将定制属性和元素联系起来。Name 和 Type 属性可以为定制属性分类（如图 6-20 所示）。

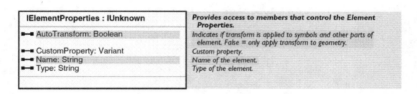

图 6-20   IElementProperties 接口

下面选取线元素和文字要素作为代表对它们的组件类做介绍。

2. 线元素组件类（LineElement）

线元素组件类是图形要素的一种类型，用来支持数据框架和地图页面的线状图形（如图 6-21 所示）。

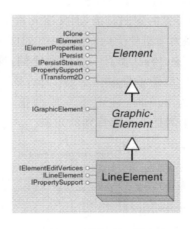

图 6-21   线元素组件类

确定一个图形要素是否为线元素，需要检查 ILineElement 接口的实现（如图 6-22 所示）。

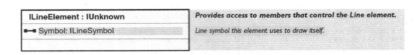

图 6-22　ILineElement 接口

ILineElement 接口是 LineElement 组件类的默认接口,仅仅为 LineElement 组件类而实现这个接口。它提供访问要素的符号。

3. 文字元素组件类(Text Element)

文字元素组件类是一种图形要素,支持用来标注特征和地图的文字或注记的字符串。文字要素从标注一条街道到标注地图的标题(如图 6-23 所示)。

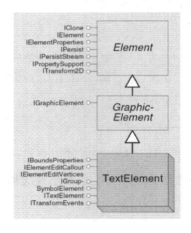

图 6-23　文字元素组件类

注记既可以是地理特征(作为特征和属性一起存储在 Geodatabase 中),也可以是文字元素。它实际上是 Geodatabase 里的定制特征,而文字元素是该特征的组件之一。

ITextElement 接口是文字元素组件类的默认接口(如图 6-24 所示)。这个接口允许访问元素的文字字符串和符号。注记特征类有一个参考比例,这样注记自动与需要的大小相匹配。例如,如果想使在 400 个地图单位时注记是 10pt,就要使参考比例为 400,设置符号大小为 10pt。当地图比例设为 200 时,注记将变成两倍那么大。ITextElement 接口的 ScaleText 属性表明自动缩放比例是否代替特别的元素。

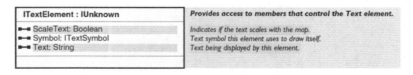

图 6-24　ITextElement 接口

6.3.2　地图的整饰元素

地图整饰(Map Surround)是一种特殊类型的、与地图对象相关联的地图元素(如图 6-25 所示)。例如指北针(North Arrow),作为一个整饰元素,用来指示地图的角度。当地图被旋转一个角度时,指北针会相应地转过同样的量。

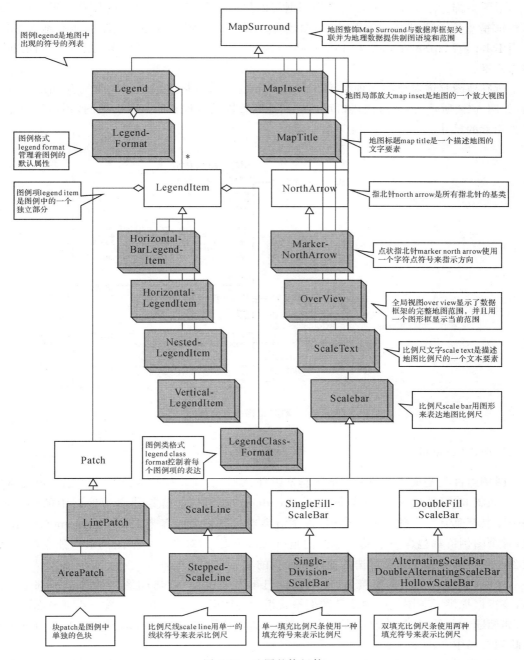

图 6-25　地图整饰组件

地图整饰都包含在地图整饰框架（MapSurroundFrame）对象中。该对象同包含着地图对象的地图框架（MapFrame）对象相似，有页面布局（PageLayout）对象管理。事实上，页面布局对象管理所有的框架对象。每个地图整饰框架也依赖着一个地图框架，当某个地图框架被删除时，其对应的所有地图整饰框架也被删除。地图整饰框架只能存放在页面布局中，不能放在地图的图形层（Graphics Layer）中。

地图整饰并不一定要放在对应地图框架的里面，可以移动到布局的任意位置。由于地图整饰是直接关联到某个地图的，地图也可以直接访问到与自己相关联的所有地图整饰。使用 IMap∷MapSurrounds 和 IMap∷MapSurroundCount 方法可以访问给定地图的每个整饰元素。

所有地图整饰对象都实现了 IMapSurround 接口，该接口提供了整饰对象间的公共功能（如图 6-26 所示）。通过该接口可以访问地图整饰的名称和所关联的地图，还可以决定和修改元素的尺寸。

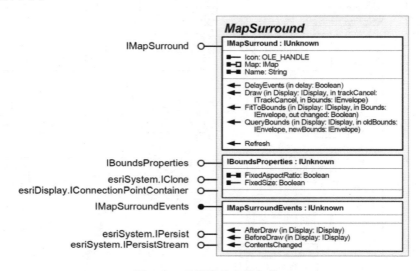

图 6-26　地图整饰组件与接口

1. 图例（Legend）

图例组件类是最复杂的一个地图整饰组件，需要依赖几种其他组件才能创建出美观的图例（如图 6-27 所示）。图例与渲染器（Renderer）相对应。渲染器属于地图中的各图层。每个图层都具有一个独立的渲染器；每个渲染器具有一个或多个图例群（LegendGroup）对象；每个图例群都包含一个或多个图例组（LegendClass）对象。一个图例组是独立的，通常包含一个符号和标注以及可选的描述和样式的项。

ILegend 是图例的首要接口，使用该接口可以修改图例、访问图例的各个子部分。例如，该接口提供了对图例的项及其图例格式组件的访问，该接口也管理着一小部分图例的属性，如标题。此外，如果修改了图例中的某些内容，必须调用 ILegend∷Refresh 接口把修改反映到布局中。

图例联系着一些相关的图层，每个层对应着一个图例项（LegendItem），该对象负责对单个图层相关图例的格式化。

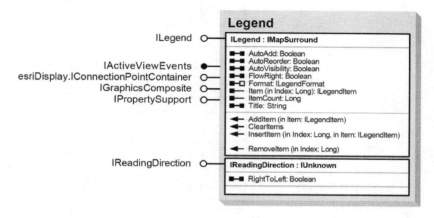

图 6-27　图例组件

2.指北针(North Arrow)

点状指北针(MarkerNorthArrow)是一个字符点符号。通常可采用 ESRI North 字体,但是其他任意字体也都可以用作指北针。点状指北针还提供了 INorthArrow 和 IMarkerNorthArrow 两个接口(如图 6-28 所示)。

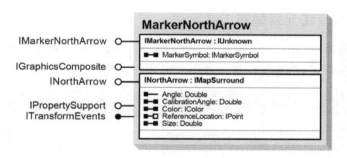

图 6-28　点状指北针

INorthArrow 接口提供对指北针的一些公共操作,如尺寸、颜色及参考位置。

IMarkerNorthArrow 接口包含一个属性:MarkerSymbol,控制指北针使用的点状符号。

3.比例尺条(Scale bar)

比例尺条有很多形式,包括数种比例尺线(Scale Lines)、单一填充比例尺条(Single-fill scale bar)和双填充比例尺条(Double-fill Scale bar)。所有比例尺条对象都实现了 IScaleBar 和 IScaleMarkers 接口(如图 6-29 所示)。

IScaleBar 接口管理了比例尺条所具有的绝大多数属性,包括颜色(color)、高度(height)、刻度(division)和标注的密度(label frequency)。

IScaleMarkers 接口管理着比例尺条中与独立点有关的所有属性,包括刻度点的高度(division mark height)、刻度点的符号(division marker symbol)、点的密度(marker frequwncy)与位置(marker position)。

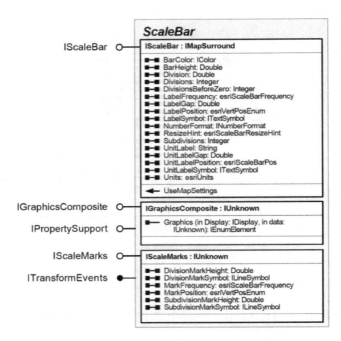

图 6-29　比例尺条

6.3.3　添加地图元素编辑工具

在 Toolbar 控件里,添加的工具如图 6-30 所示,包括图形元素中的图形绘制和选择元素等多个工具,可以由用户自行选择任意一个工具至工具条。

图 6-30　添加工具

运行效果如图 6-31 所示,可以调用图形元素绘制工具交互绘制图形,也可以点击选择元素工具,选择元素进行拖动和编辑。

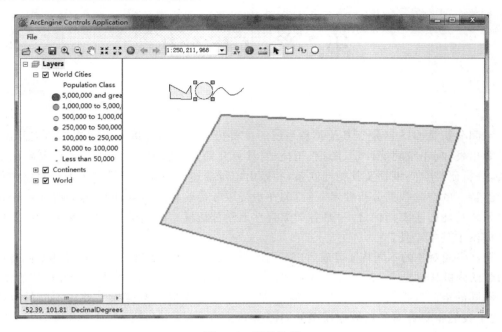

图 6-31　运行效果

思考与练习

创建一个几何类型为多边形的 Shapefile 文件,添加多边形交互绘制编辑功能,新增多边形要素。

第7章　GIS 分析

空间分析是 GIS 区别于其他信息系统的主要特征。空间分析从空间物体的空间位置、联系等出发,利用空间统计学、图论、拓扑学、计算几何,描述现实世界中各地理要素的空间构成,分析研究空间事物及其相互联系,并做出定量描述。空间分析是基于地理对象的位置和形态特征的空间数据分析技术,其目的在于提取和传输空间信息,同时也是评价一个地理信息系统功能的主要指标之一;是各类综合性地学分析模型的基础,为建立复杂的空间应用模型提供了基本工具。

根据空间对象的不同特征可以运用不同的空间分析方法,其核心是根据描述空间对象的空间数据分析其位置、属性、运动变化规律以及对周围其他对象的相关制约、相互影响的关系。

不同的空间数据模型有其自身的特点和优点,基于不同的数据模型使用不同的分析方法,这里我们主要针对矢量数据模型的 GIS 分析进行介绍。

7.1　空间关系查询

查询和定位空间对象并对空间对象进行量算是地理信息系统的基本功能之一,是地理信息系统进行高层次分析的基础。在地理信息系统中,为了进行高层次分析,往往需要查询定位空间对象,并用一些简单的量测值对地理分布或现象进行描述。空间分析首先始于空间查询和量算,它是空间分析的定量基础。

图形与属性互查是最常用的查询,主要有两类:第一类是按属性信息的要求来查询定位空间位置,称为"属性查图形";第二类是根据对象的空间位置查询有关属性信息,称为"图形查属性"。在 ArcGIS Engine 提供的工具条中就提供了图形查属性的工具 ⓘ ,如图 7-1 所示。选择识别工具,用鼠标点选、画线、矩形、圆、不规则多边形等工具选中要素对象,并显示出所查询对象的属性列表,可进行有关统计分析。

7.1.1　数据查询相关组件

ArcGIS Engine 组件库提供了数据查询相关组件,如图 7-2 所示。该组件包括查询定义 QueryDef。查询结果被包含在 Cursor 游标内。被选择的要素也可以构成选择集 SelectionSet,通过枚举 ID 号代表被选择要素的标识符。

利用查询定义进行要素选择的核心是通过查询过滤器 QueryFilter 对空间和属性进行过滤。

图 7-1　图形查属性

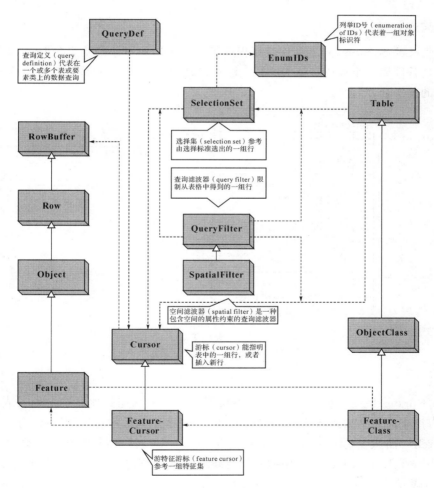

图 7-2　查询、游标与选择集

1. 查询定义

查询定义（QueryDef）对象提供了对一个或多个表或特征类的数据查询的定义（如图7-3所示）。查询定义可以被求值，引发在数据库服务器上的查询的执行。查询的结果以游标（Cursor）的形式返回给应用程序，由应用程序来通过游标获取查询结果集中的行对象。

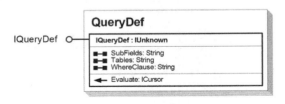

图 7-3　查询定义对象

IQueryDef 接口用来设置和定义查询，并提供一个用来查询、返回游标的求值方法。

2. 选择集

选择集（SelectionSet）对象允许应用程序指向一个选中对象的集合（如图 7-4 所示），这些对象应当是同属一个表或特征类的行。注意：选中对象必须是同属一张表的，不可以把来自不同表的选择合并起来。

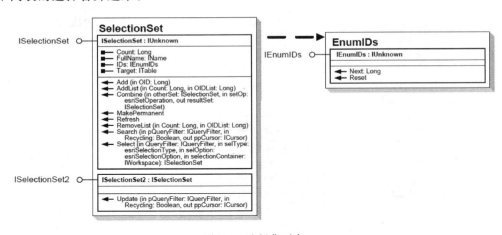

图 7-4　选择集对象

3. 游标

游标（Cursor）是一个数据访问对象，不仅可以用来依次完整地复述一个表或查询的集合，也可以用来向表中插入新行（如图 7-5 所示）。ArcObjects 中有三种游标，分别叫做搜索游标（Search）、插入游标（Insert）和更新游标（Update），各自由表或特征类的对应方法（Search、Insert、Update）返回，其中搜索和更新方法需要查询定义（QueryDef）作为输入，以限定返回的集合。

搜索游标（Search）可以获取用查询过滤确定的行，支持 NextRow 方法。更新游标（Update）可以在特定位置更新或删除用查询过滤确定的行，支持 NexRow、UpdateRow 和

DeleteRow 方法。插入游标(Insert)可以将行插入到表中,支持 InsertRow 方法。

特征游标(FeatureCursor)对象是一种游标。特征游标基于特征类,而普通游标基于一般的表,除此之外两者没有区别。

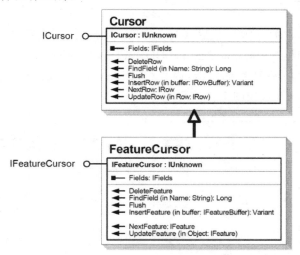

图 7-5　游标与特征游标

4. 查询过滤

查询过滤(QueryFilter)对象定义了对于表数据的基于属性值的一个过滤条件,用来限定从单个表或特征集获取的行与列的集合(如图 7-6 所示)。查询过滤首要的应用场合是在打开一张表的游标时定义要获取的行集合。另外在一些需要定义表中数据的一个子集时也会用到该对象。

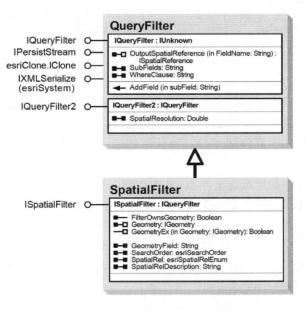

图 7-6　查询过滤与空间查询过滤

空间查询过滤(SpatialFilter)同时包含了空间约束和属性约束的查询过滤,可以用来同时使用空间约束和属性约束来从特征类中获取一组限定的特征。

7.1.2 空间关系

空间关系支持基本的克雷门蒂尼(Clementini)关系,这一关系已经被定义为 OpenGIS 的简单特征数据访问标准(Simple Feature Data-access Standard)的一部分。

五种基本的克雷门蒂尼关系包括:内含(Within)、相交(Cross)、相离(Disjoint)、叠盖(Overlap)和相接(Touch)(如图 7-7 所示)。

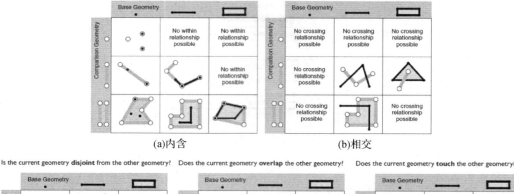

(a)内含　　　　　　　　　　(b)相交

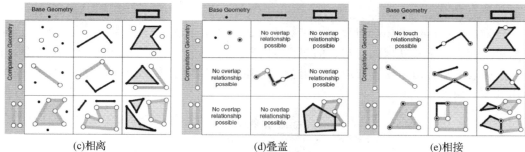

(c)相离　　　　　　(d)叠盖　　　　　　(e)相接

图 7-7　基本空间关系(FSRI)

- 内含(Within):对于内含于对照几何图形的基本几何图形来说,它必须是对照几何图形的子集。一个几何图形不能内含于另一个更低维的几何图形。
- 相交(Cross):基本几何图形与对照几何图形交叉,则它们必须在比最高维度更低的维度中相交。
- 相离(Disjoint):如果没有公共点,基本几何图形与对照几何图形就是相离的。
- 叠盖(Overlap):如果两者相交部分是与两者有着相同维度的几何图形,则基本几何图形叠盖对照几何图形。叠盖关系要求两个图形有着同样的维度。
- 相接(Touch):两个几何图形仅在它们边界相交时为相接。

空间查询过滤组件 SpactialFilter 提供了 ISpatialFilter 接口。利用该接口可以定义要素查询的约束条件,包括属性过滤和空间过滤。一个 SpactialFilter 对象能用来定义从某一个要素集中获取要素选择集的约束条件。空间过滤层的常用方法是执行一个空间查询首先是利用 ISpatialFilter 接口创建空间过滤器,定义好属性约束条件 WhereClause 以及空间过滤条件。空间过滤条件的定义包括指定空间几何字段、空间过滤所使用的空间关系条件和用 esriSpatialRelEnum 枚举值定义,表 7-1 示意了空间过滤中用到的各类空间关系。

　　如果空间查询中既有空间过滤又有属性约束,可以明确属性搜索优先还是空间优先。这可以根据数据特点指定,目的在于加快搜索速度。

表 7-1　空间关系表

Constant	Value	Description
esriSpatialRelUndefined	0	未定义的空间关系
esriSpatialRelIntersects	1	查询几何与目标几何相交
esriSpatialRelEnvelopeIntersects	2	查询几何的外包框与目标几何外包框相交
esriSpatialRelIndexIntersects	3	查询几何与目标几何的索引实体(主要索引过滤)
esriSpatialRelTouches	4	查询几何与目标几何相接触
esriSpatialRelOverlaps	5	查询几何与目标几何重叠
esriSpatialRelCrosses	6	查询几何穿越目标几何
esriSpatialRelWithin	7	查询几何中目标几何内容
esriSpatialRelContains	8	查询几何包含目标几何
esriSpatialRelRelation	9	查询几何与目标几何之间是内外环边界

7.1.3　空间关系示例

　　这里以搜索亚洲境内人口等级等于 5 的所有城市列表为例,介绍如何利用 ArcGIS Engine 提供的查询组件实现该要素查询功能。

空间关系查询

　　1.添加控件和类库引用

　　在程序的主窗体上端的菜单栏"GIS 分析"的下拉菜单中,添加一个菜单项"空间查询",其控件名为"miSpatilFilter"。

　　2.新增地图分析类

　　在项目中添加 MapAnalysis,向当前项目添加了一个新的类,将类文件命名为"MapAnalysis.cs"。该类用于管理当前项目中涉及的地图分析相关功能。

　　类添加后,当前视图自动转至 MapAnalysis 类的代码页,为该类导入部分类库,并将该类的访问控制权限设置为 Public。代码如下:

```
using ESRI.ArcGIS.Carto;
using ESRI.ArcGIS.Geodatabase;
using ESRI.ArcGIS.Geometry;
using ESRI.ArcGIS.Display;
```

3. 增加"空间查询"函数

在"地图分析"类中添加成员函数 QueryIntersect,根据给定图层进行空间交叉查询。代码如下:

```
public bool QueryIntersect(string srcLayerName, string tgtLayerName, IMap iMap,
esriSpatialRelationEnum spatialRel)
    {
        DataOperator dataOperator＝new DataOperator(iMap);

        //定义并根据图层名称获取图层对象
        IFeatureLayer iSrcLayer ＝ ( IFeatureLayer ) dataOperator. GetLayerByName
        (srcLayerName);
        IFeatureLayer iTgtLayer＝(IFeatureLayer)dataOperator.GetLayerByName
        (tgtLayerName);

        //通过查询过滤获取 Continents 层中亚洲的几何
        IGeometry geom;
        IFeature feature;
        IFeatureCursor featCursor;
        IFeatureClass srcFeatClass;
        IQueryFilter queryFilter＝new QueryFilter();
        queryFilter.WhereClause＝"CONTINENT='Asia'";//设置查询条件
        featCursor＝iTgtLayer.FeatureClass.Search(queryFilter, false);
        feature＝featCursor.NextFeature();
        geom＝feature.Shape;//获取亚洲图形几何

        //根据所选择的几何对城市图层进行属性与空间过滤
        srcFeatClass＝iSrcLayer.FeatureClass;
        ISpatialFilter spatialFilter＝new SpatialFilter();
        spatialFilter.Geometry＝geom;
        spatialFilter.WhereClause＝"POP_RANK＝5";//人口等级等于 5 的城市
        spatialFilter.SpatialRel＝(ESRI.ArcGIS.Geodatabase.esriSpatialRelEnum)
        spatialRel;

        //定义要素选择对象,以要素搜索图层进行实例化
        IFeatureSelection featSelect＝(IFeatureSelection)iSrcLayer;
        //以空间过滤器对要素进行选择,并建立新选择集
        featSelect. SelectFeatures ( spatialFilter, esriSelectionResultEnum.
        esriSelectionResultNew, false);

        return true;
    }
```

4.添加空间查询事件

为菜单项"空间查询"菜单项生成"点击"事件响应函数,实现要素的空间交叉选择,并在地图上明显标识。代码如下:

```
private void miSpatilFilterToolStripMenuItem_Click(object sender, EventArgs e)
{
    MapAnalysis mapAnalysis＝new MapAnalysis();
    mapAnalysis. QueryIntersect("World Cities", "Continents", axMapControl.
    Map, esriSpatialRelationEnum. esriSpatialRelationIntersection);
    IActiveView activeView;
    activeView＝axMapControl. ActiveView;
    activeView. PartialRefresh (esriViewDrawPhase. esriViewGeoSelection, 0,
    axMapControl. Extent);
}
```

5.运行结果

运行程序,点击"空间查询"菜单项,在地图上按下鼠标即可在地图上显示满足条件的城市。

7.2　空间拓扑分析

GIS 分析的主要内容之一是空间分析。由于空间对象及其相互关系存在一定的复杂性和多样性,空间分析一般不存在模式化的分析处理方法,主要是基于点、线、面三种基本形式。这里主要介绍拓扑分析。

7.2.1　拓扑操作

拓扑(Topology)是指几何形状的空间关联。空间操作包含了大多数 GIS 系统的重要部分,允许进行空间查询和修改空间实体。

1.拓扑算子

几何系统提供返回几何图形的一组算子,这些算子是基于一个或多个几何图形之间的逻辑对照的(如图 7-8 所示)。

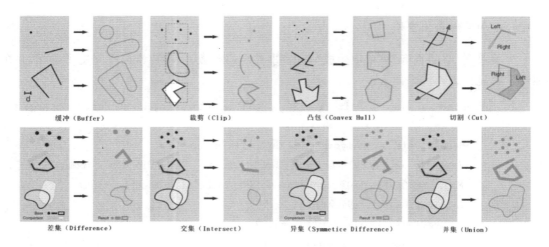

图 7-8　拓扑算子(ESRI)

- 缓冲(Buffer)：给定一个几何图形和一段缓冲距离,缓冲算子返回一个多边形,它覆盖与几何图形的距离小于或等于缓冲距离的所有点。
- 裁剪(Clip)：给定一个输入几何图形和一个包络面,裁剪算子返回一个新的几何图形,该几何图形为包络面内部或边界上的原输入图形中的点集。
- 凸包(Convex Hull)：给定一个输入几何图形,凸包算子返回一个几何图形。该几何图形有这样一种特性,即在输入几何图形的所有点之间进行连线,所得的连线上的所有点都在这个输入的几何图形内部。凸包是包含一个几何图形的最小多边形,它没有凹区。
- 切割(Cut)：给定一条切割曲线和一个几何图形,切割算子将沿着切割曲线的方向把几何图形分为左右两半。点或多点不能被分割。多义线和多边形必须与要分割的曲线相交。切割算子只创建两个几何图形,但这两个几何图形可以有多个部分。
- 差集(Difference)：差集算子返回一个几何图形,该几何图形包含基本几何图形中的点,并剪去对照几何图形中的点。
- 交集(Intersect)：交集运算将一个基本几何图形与另一个存在着同样维数的几何图形进行比较,并返回一个几何图形。该图形包含一些点,这些点既在基本几何图形中,又在对照几何图形中。
- 异集(Symmetic Difference)：异集算子将基本几何图形与另一个有着同样维度的几何图形进行比较,并返回一个几何图形。该几何图形包含一些点,这些点可以在基本几何图形中,也可以在对照几何图形中,并去除了两者都包含的点。
- 并集(Union)：并集运算将基本几何图形与另一个同样维度的几何图形进行比较,并返回一个几何图形,该几何图形既包含基本几何图形上的点,又包含对照几何图形上的点。

2.拓扑操作接口

拓扑算子可以对象叠加的地理特征进行编辑。它们存在于 ITopologicalOperator 接口中,该接口在 Envelope 类、Multipoint 类、Point 类、Polyline 类和 Polygon 类中实现(如图7-9所示)。

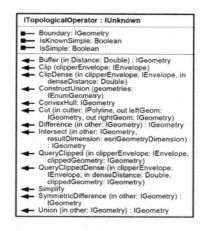

图 7-9　拓扑操作接口

用来进行空间操作的几何图形必须具备相同的坐标系统,否则其运算结果是没有意义的。IGeometry：：Project 可以用来在准备进行空间操作之前将几何的坐标系进行转换。

要进行拓扑操作,几何图形必须是拓扑简单的(Topologicallly Simple)。如果几何图形在上一次简单性检查后没有被改变过,则 IsKnownSimple 属性返回真,而 IsSimple 方法会真的去进行几何的简单性检查(如图 7-10 所示)。前者会有更高的效率,尤其是在循环当中。Simplfy 方法可以修改几何图形,确保其符合该类几何的所有的简单性规则。

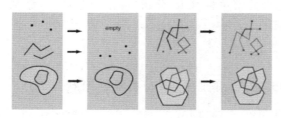

图 7-10　几何的边界和简单性

Boundary 属性返回一个几何的边界。边界通常是比原几何图形低一维的几何。

7.2.2　缓冲区分析

缓冲区分析是根据数据库的点、线、面实体,自动建立其周围一定宽度范围内的缓冲区域多边形实体,从而实现空间数据在水平方向得以扩展的信息分析方法。

如图 7-11 所示,点、线、面要素按照给定距离可以创建缓冲区多边形,可以选择性地实现覆盖缓冲区的融合。

缓冲区分析

下面以查询世界城市中距离北京经纬度 1 度范围之内的所有城市为例介绍如何利用缓冲区分析进行空间拓扑分析与查询。

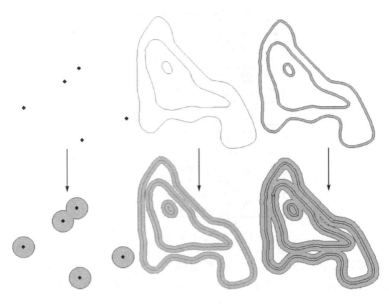

图 7-11　缓冲区

1. 添加菜单项

在程序的主窗体上端的菜单栏"GIS 分析"的下拉菜单中,添加一个菜单项"缓冲区分析",其控件名为"miBuffer"。

2. 增加"缓冲区分析"函数

向地图分析类 MapAalysis 添加缓冲区分析函数,代码如下。

```
public bool Buffer(string layerName, string sWhere, int iSize, IMap iMap)
    {
        //根据过滤条件获取城市名称为北京的城市要素的几何
        IFeatureClass featClass;
        IFeature feature;
        IGeometry iGeom;

        DataOperator dataOperator=new DataOperator(iMap);
          IFeatureLayer featLayer = (IFeatureLayer)dataOperator.GetLayerByName
          (layerName);

        featClass=featLayer.FeatureClass;
        IQueryFilter queryFilter=new QueryFilter();
        queryFilter.WhereClause=sWhere;//设置过滤条件
        IFeatureCursor featCursor;
        featCursor=(IFeatureCursor)featClass.Search(queryFilter, false);
```

```
int count＝featClass.FeatureCount(queryFilter);

feature＝featCursor.NextFeature();
iGeom＝feature.Shape;

//设置空间的缓冲区作为空间查询的几何范围
ITopologicalOperator ipTO＝(ITopologicalOperator)iGeom;
IGeometry iGeomBuffer＝ipTO.Buffer(iSize);

//根据缓冲区几何对城市图层进行空间过滤
ISpatialFilter spatialFilter＝new SpatialFilter();
spatialFilter.Geometry＝iGeomBuffer;
spatialFilter.SpatialRel＝esriSpatialRelEnum.esriSpatialRelIndexIntersects;

//定义要素选择对象,以要素搜索图层进行实例化
IFeatureSelection featSelect＝(IFeatureSelection)featLayer;
//以空间过滤器对要素进行选择,并建立新选择集
    featSelect.SelectFeatures(spatialFilter, esriSelectionResultEnum.
    esriSelectionResultNew, false);

return true;
}
```

3. 添加缓冲区分析事件

为"缓冲区分析"菜单项生成"点击"事件响应函数,实现要素的缓冲区分析,并通过空间交叉选择城市并在地图上明显标识。代码如下:

```
private void miBuffer_Click(object sender, EventArgs e)
{
    MapAnalysis mapAnalysis＝new MapAnalysis();
    mapAnalysis.Buffer("World Cities","CITY_NAME＝'Beijing'",1, axMapControl1.
    Map);
    IActiveView activeView;
    activeView＝axMapControl1.ActiveView;
        activeView.PartialRefresh(esriViewDrawPhase.esriViewGeoSelection, 0,
        axMapControl1.Extent);

}
```

4. 运行结果

运行程序,点击"缓冲区分析"菜单项,即可在地图上显示满足条件的城市,如图 7-12 所示。

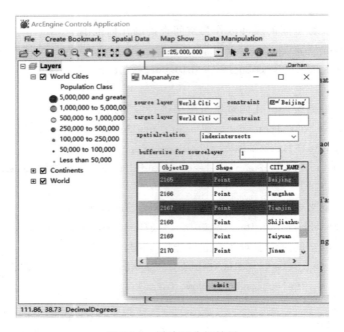

图 7-12　缓冲区分析结果

7.3　数据统计

空间统计分析的目的是为了找出某种属性分布的整体特征和趋势,了解其中的规律,以便科学地对其进行分析和预测。空间统计方法是建立在概率论与数理统计基础上的一类地理数学方法,适用于对各种随机现象、随机过程和随机事件的处理。几乎所有的地学现象、地学过程和地学事件都具有一定随机性,这由地学现象的复杂性决定。地学现象的这种随机性是空间统计方法应用的基础。

空间统计分析主要用于空间数据的分类与综合评价。为了将空间实体的某些属性进行横向或纵向比较,往往将实体的属性进行统计以便进行直观的综合评价。

7.3.1　数据统计

1. 基础统计

基础统计(BaseStatistics)组件用来生成和报告统计结果(如图 7-13 所示)。
IFrequencyStaticstics 接口提供对报告频率统计的成员的访问。IGenerateStatistics 接

口提供对生成统计结果的成员的访问。IStatisticsResults 提供对报告统计结果的成员的访问，可访问的属性包括 Count（数目）、Sum（和）、Maximum（最大值）、Minimum（最小值）、Mean（平均值）及 StandartdDieviation（标准差）。

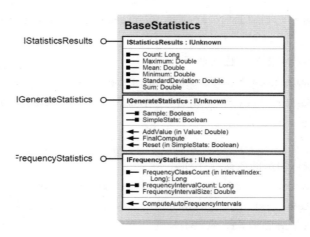

图 7-13　基础统计组件

2. 数据统计组件

数据统计（DataStaticstics）组件允许返回统计结果及单个字段的唯一值（Unique Value）（如图 7-14 所示）。组件创建后，用来分析的数据通过 IDataStatistics::Cursor 属性，以游标的形式传入。注意 ICursor 的对象只能使用一次，如果用户要获取多个结果，应当在再次使用游标时重新创建游标。

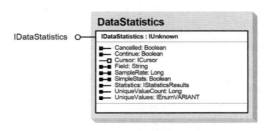

图 7-14　数据统计组件

IDataStatistids 接口是数据统计组件中唯一的接口。

7.3.2　要素统计实例

下面以世界各大洲的面积统计为例，通过调用统计相关组件获取最小面积、最大面积和平均面积。

要素统计

1. 添加菜单项

在程序的主窗体上端的菜单栏"GIS 分析"的下拉菜单中，添加一个菜单项"要素统计"，其控件名为"miStatistic"。

2. 增加"要素统计"函数

向地图分析类 MapAalysis 添加要素统计函数,代码如下:

```
public string Statistic(string layerName, string fieldName, IMap iMap)
{
    //根据给定图层名称获取图层对象
    DataOperator dataOperator＝new DataOperator(iMap);
        IFeatureLayer featLayer ＝ ( IFeatureLayer ) dataOperator. GetLayerByName
        (layerName);

    //获取图层的数据统计对象
    IFeatureClass featClass＝featLayer.FeatureClass;
    IDataStatistics dataStatistic＝new DataStatistics();
    IFeatureCursor featCursor;
    featCursor＝featClass.Search(null, false);
    ICursor cursor＝(ICursor)featCursor;
    dataStatistic.Cursor＝cursor;

    //指定统计字段为面积字段,统计出最小面积、最大面积及平均面积
    dataStatistic.Field＝fieldName;
    IStatisticsResults statResult;
    statResult＝dataStatistic.Statistics;

    double dMax;
    double dMin;
    double dMean;

    dMax＝statResult.Maximum;
    dMin＝statResult.Minimum;
    dMean＝statResult.Mean;

    string sResult;
    sResult＝"最大面积为"＋dMax.ToString()
        ＋";最小面积为"＋dMin.ToString()
        ＋";平均面积为"＋dMean.ToString();

    return sResult;
}
```

3.添加要素统计事件

为菜单项"要素统计"菜单项生成"点击"事件响应函数,实现要素的面积统计分析,并将统计结果以对话框形式输出。代码如下:

```
private void miStatistic_Click(object sender, EventArgs e)
{
    MapAnalysis mapAnalysis＝new MapAnalysis();
    string sMsg;
    sMsg＝mapAnalysis.Statistic("Continents", "SQMI", axMapControl1.Map);
    MessageBox.Show(sMsg);
}
```

4.运行结果

运行程序,点击"要素"菜单项,即可显示世界各大洲面积统计信息的消息框,如图 7-15 所示。

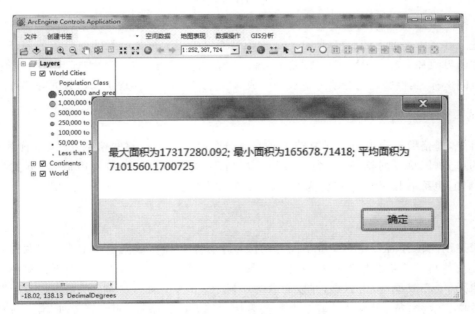

图 7-15　要素统计结果显示

思考与练习

GIS 分析的功能实现函数都预留了参数的输入控制,试编写对话框交互输入控制信息,从而达成用户的分析需求。

第8章 栅格数据处理

栅格数据结构简单、直观,非常利于计算机操作和处理,是 GIS 常用的空间基础数据格式。影像和栅格是 GIS 数据的重要组成部分,影像由载有传感器的卫星或航空器产生,栅格数据还包括高程数字模型,扫描地图和专题栅格数据,如土地分类图、经过插值处理的格网输出等。栅格数据的处理与分析因其数据模型异于矢量数据模型,因此栅格数据处理相关的类库也各不相同。

8.1 栅格数据模型

建立在二维平面上的栅格(Raster)数据模型通过画面上每个单元的明暗或色调来表现空间实体的界限和形态。为了用计算机来实现这种表达,GIS 栅格数据模型通常包括规整格网、二维空间坐标、属性数据与分辨率等成分构成,这些成分构成也体现了栅格数据的特点。

1. 规整格网

首先,栅格数据模型将所研究的平面或地面区域划分为规整的格网,英文常称为 Grid;格网的单元,即每一网格,通常为正方形,也可以是矩形、三角形和六边形等,英文常称为 pixel,有时也称 cell,中文一般称为"像元"(有时也称"像素")。

2. 二维空间坐标系

表达空间位置需要建立二维平面上的位置坐标系。栅格数据模型主要采用两种直角坐标系。一种是计算机图像处理常用的坐标系,其原点置于左上方,通常以左上角第一行第一列的像元(中心或顶点)为原点,并以向右为 x 轴、向下为 y 轴,以"列距"Δx 和"行距"Δy 为坐标单位。这样,行、列数本身就是由整数表达的像元位置坐标,例如第 i 列、第 j 行像元的坐标就是 (i,j)。这种方式来自于计算机图像处理从左到右、从上到下的习惯,与平常的数学和传统地图的习惯不同。在地学处理中,当不涉及地理坐标,只需要体现研究地区内部单元之间的相对位置时,常采用这种图像坐标。

GIS 栅格数据模型常采用的另一种坐标,就是地理坐标。地学图像处理最终总是要赋予地理坐标的,并采用与地理坐标平行的规整格网。不同的地理坐标的 x 轴和 y 轴命名的办法不尽相同,例如地理经纬度坐标习惯与数学相同,一般以向右(东)为 x 轴,向上(北)为 y 轴;而我国常用的高斯—克吕格大地坐标(相当于美国的 UTM 坐标),以向上(北)为 x 轴,向右(东)为 y 轴。

3. 属性数据

栅格数据模型中的属性数据是网格所代表的地面单元在某方面的特性，属性数据与空间位置数据的衔接是与生俱来的，因为对每一像元都赋有一个像素值。

4. 分辨率

栅格数据模型中，像元是属性数据取值的最小空间单位。一个像元的某一种属性只能取一个值，该值实际上是像元所代表地区在这方面的属性的一个平均表达或总体性表达。像元内部的属性差异不能反映。网格或像元大小决定了栅格数据模型中属性和空间坐标取值的精度。网格或像元所代表地面区域之线度的大小，称为栅格数据的"空间分辨率"。

每个栅格数据都好像是一个矩阵数据，不仅方便计算机存储，而且可以用线性代数等数学方法来处理变换。基于分析的计算结果还可形成新的矩阵数组。

栅格数据模型由于形象表现力较强，被广泛地应用于遥感图像及其处理应用、区域三维（立体）形象表达等领域（就像表达三维立体空间的照片等）；又由于方便于计算机处理，栅格数据模型也被广泛应用于多媒体和各种计算机输入输出等设备或场合。

8.2　栅格数据访问

栅格数据集通常用以表达和管理影像、数字高程模型 DEM 和其他数字现象。栅格也同样能表示点、线、面。栅格能用以表示所有地理信息，包括要素特征、影像信息和地表信息，基于栅格都有一系列分析处理算子。另外，作为 GIS 中管理影像的通用数据类型，栅格能支持所有地理对象进行基于栅格模型的数据建模与分析。

用户管理、使用栅格数据常用文件方式，包括 Tiff、Image、BMP、JPEG 等不同格式的栅格文件。用户也可以用关系数据管理栅格数据，可以满足管理数据量大、可共享的栅格数据管理要求。在 ArcGIS 中 Geodatabase 模型提供了有效的栅格数据管理方式，通过 ArcSDE 可以屏蔽关系数据库的异构，为用户提供统一的栅格数据访问接口。

ArcGIS 采用两种模型存储栅格数据：Raster Dataset（栅格数据集）和 Raster Catalog（栅格目录）。栅格数据集将像素数组和相关的信息存储在文件里或 Geodatabase 中，栅格目录则是栅格数据集的集合。

8.2.1　打开栅格工作空间

在 4.4 节中已经提及 ArcGIS 针对各种数据源定义了工作空间工厂组件，RasterWorkspaceFactory 组件提供栅格工作空间的访问与创建。RasterWorkspaceFactory 类通过 IWorkspaceFactory 接口提供对栅格工作空间工厂的访问。

对于栅格数据，不管是以文件方式存储的栅格文件，还是基于文件或 Access 个人数据库或企业数据库的栅格数据库工作空间，都是同一个类型的工作空间，即 RasterWorkspaceFactory。工作空间是不能被创建的，在访问栅格数据时，必须打开一个工作空间。工作空间工厂初始化的时候用 RasterWorkspaceFactory，要访问 Access 工作空间就用

AccessWorkspaceFactory,数据库工作空间就用 SdeWorkspaceFactory。

栅格工作空间组件 RasterWorkspace 提供接口 IRasterWorkspace 以实现栅格数据的创建、访问与拷贝等处理方法,如图 8-1 所示。

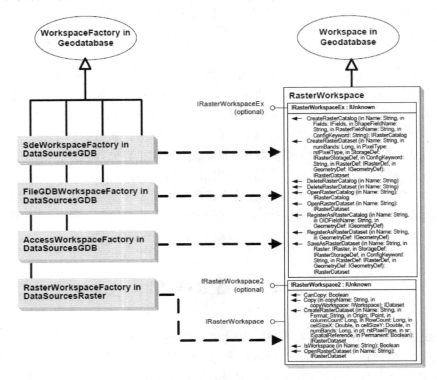

图 8-1 栅格工作空间

下面代码就是打开一个给定文件夹的栅格工作空间:

```
IRasterWorkspace OpenRasterWorkspaceFromFile(string filePath)
{
    IWorkspaceFactory wsFactory＝new RasterWorkspaceFactoryClass();
    IRasterWorkspace ws＝(IRasterWorkspace)wsFactory.OpenFromFile(filePath, 0);
    return ws;
}
```

8.2.2 获得栅格数据集

栅格数据集 RasterDataset 表示一个文件或存储在 Geodatabase 数据中的栅格信息,由一个或者多个波段组成。栅格数据集对象执行基础的数据集管理函数,包括拷贝、重命名、删除等操作。栅格数据集也可以用以检查数据集的属性,包括栅格格式、空间范围、空间参考和波段数量等信息,如图 8-2 所示。

栅格数据集组件也同样提供了修改栅格数据集的一些属性的方法。比如,修改数据集的空间参考(注意:修改数据集的空间参考并不等同于空间参考投影转换)、修改栅格数据集的对照表、建立影像金字塔以提供大影像的显示效率、建立统计以增强栅格的渲染效果、多个栅格数据间的镶嵌等操作。

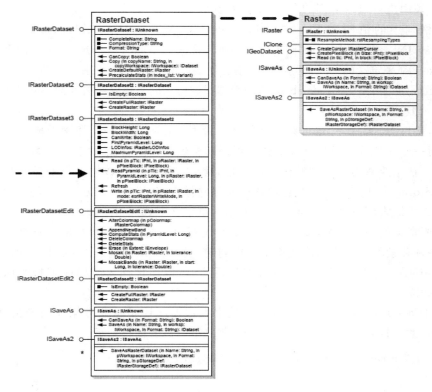

图 8-2　栅格数据集组件

栅格数据集实现了 IRasterWorkspace 接口和 IRasterWorkspaceEx 接口，通过该接口可以创建一个基于 RasterDataset 的栅格文件，IRasterWorkspaceEx 接口通过数据库工作空间创建一个数据库的 RasterDataset。

获得栅格数据集主要有两个途径：一个是通过接口调用已有的数据集；另一个方法就是创建新的栅格数据集。上面的三个工作空间对象都提供了访问栅格数据集和栅格列表。接口 IRasterWorkspace 和 IRasterWorkspace2 能够打开和创建基于文件的栅格数据集。下面的代码就是打开一个给定栅格文件名的部分。

```
//打开名为 RasterDatasetName 的栅格数据集
    inputDataset = rasterWorkspace. OpenRasterDataset ( rasterDatasetName ) as
    IRasterDataset2;
//创建一个名为 outFileName 的栅格数据文件,后缀为 extName。
    IRaster inRaster＝inputDataset. CreateFullRaster();
    IRasterBandCollection inRasterBC＝inRaster as IRasterBandCollection;
    inRasterBC. SaveAs(outFileName. ToLower(), outputWorkSpace, extName);
```

8.2.3　获得栅格目录

栅格列表是在 ArcGIS 9.0 后新增加的数据类型，这种数据类型只适用于关系型数据库。栅格列表将多个数据集作为同一实体来管理，是一种特殊的要素类。这个要素类中，栅格列存储栅格数据集名，几何列存储栅格数据集的边框，栅格列中存储数据集的像素值。当然，在这个表中也可以增加别的字段，如元数据等。

在栅格列中的值叫做 RasterValue，一个 RasterValue 包含一个 RasterDataset 和一个 RasterStorageDef。栅格列中还存储了作用于所有像素的空间参考信息，这个空间参考是通过接口 IRasterDef 来定义的。几何列的属性是通过接口 IGeometryDef 来定义的。存在于几何列中的栅格数据集边框是由 Geodatabase 自动管理并被检索的。建议栅格列的空间参考与几何列的空间相一致。

另外，接口 IRasterDef 也可以定义怎么样管理栅格列表。一个托管的栅格列存储栅格像素值，而一个非托管的栅格列存储的仅仅是栅格数据集的路径，而且这些数据集是基于文件方式的。在企业数据库中的栅格列是托管类型的，而在个人数据库中的是非托管的。对象 RasterStorageDef 定义怎样在企业数据库存储像素值。用户可以定义块的大小、原点值，也可以定义压缩类型以及构建金字塔时采用的重采样方式。

作为要素类的一个子类，RasterCatalog 是由行组成的。在每行中的要素都是栅格列的条目，是一种要素类型。当访问或更新栅格列中的数据集时，其操作与要素类相同。通过标准的 FeatureCursor 枚举栅格列中的数据集，并且可以通过插入游标或更新游标进行相应的插入或删除操作。

接口 IRasterWorkspaceEx 支持不管是个人数据库还是企业数据库的栅格列表访问。下面的代码就是打开数据库中的栅格列表，获取第一行的栅格数据。

```
public bool OpenRasterDataset(string catalogName)
{
    IRasterWorkspaceEx rasterWorkspaceEx;
    IRasterCatalog rasterCatalog;
    rasterCatalog=rasterWorkspaceEx.OpenRasterCatalog(catalogName);

    IRasterDataset rasterDataset;
    IFeatureClass featClass;
    featClass=rasterCatalog;
    IRasterCatalogItem rasterCatalogItem;
    IFeature feature;
    feature=featClass.GetFeature(1);
    //通过要素接口调用获得 IRasterCatalogItem
    rasterCatalogItem=(IRasterCatalogItem)feature;
    //获得栅格数据集
    rasterDataset=rasterCatalogItem.RasterDataset;
}
```

8.2.4 创建栅格数据集

本节将以在文件数据库中创建一个栅格数据集为例展示栅格工作空间的相关组件使

用。首先利用 ArcCatalog 在 D:\\raster 目录中创建一个文件数据库。然后依照下面步骤创建栅格数据集。

1. 添加控件和类库引用

在程序主菜单上添加一个菜单项"栅格管理",在下拉菜单中添加"创建栅格数据集",控件名为"miCreateRaster"。通过解决方案资源管理器,向当前项目添加 DataSourcesRaster 类库引用。

2. 添加栅格工具类

通过解决方案资源管理器,点击"项目"菜单下的"添加类"按钮,添加栅格工具类 RasterUtil,该类用于管理当前项目中涉及的栅格数据操作的相关功能。类添加后,当前视图自动转至 RasterUtil 类的代码页。为该类导入 DataSourcesRaster 类库,并添加类库的引用。

```
using System;
using System.Collections.Generic;
using System.Linq;
using System.Text;

using ESRI.ArcGIS.Geodatabase;
using ESRI.ArcGIS.DataSourcesRaster;
```

3. 添加"创建栅格数据集"函数

在 Geodatabase 中创建的栅格数据集是没有维数的,只是数据集的某些属性信息的占位符,如波段数、像素值、栅格列属性、几何列属性。一旦空的栅格数据集创建成功,栅格的像素值可以从别的数据集中通过拼接(mosaic)添加进来。其代码如下:

```
public bool CreateRaster(string filePath, string rasterName)
  {
    IRasterWorkspaceEx rasterWorksapceEx;

    //打开工作空间
    rasterWorksapceEx=OpenRasterWorkspaceFromFileGDB(filePath);

    //设置存储参数
    IRasterStorageDef storageDef=new RasterStorageDef();
    storageDef.CompressionType=esriRasterCompressionType.esriRasterCompressionJPEG;
    //设置栅格列属性
    IRasterDef rasterDef=new RasterDef();
```

```
//定义空间参考
ISpatialReferenceFactory2 srFactotry＝new SpatialReferenceEnvironmentClass();
int gcsType＝(int)esriSRGeoCSType.esriSRGeoCS_WGS1984；
IGeographicCoordinateSystem geoCoordSystem＝srFactotry.CreateGeographicCo-
ordinateSystem(gcsType)；
ISpatialReference spatialRef＝(ISpatialReference)geoCoordSystem；
rasterDef.SpatialReference＝spatialRef；

//创建栅格数据集
IRasterDataset rasterDataset；
    rasterDataset ＝ rasterWorksapceEx.CreateRasterDataset ( rasterName, 3,
    rstPixelType.PT_FLOAT, storageDef, null, rasterDef, null)；

return true；
}
```

4.添加创建栅格数据集事件

为主窗体的"访问图层数据"菜单项生成"点击"事件响应函数,并添加代码运行"数据展示台"窗体,以展示各个洲的名称。代码如下:

```
private void miCreateRaster_Click(object sender, EventArgs e)
{
  Rastutil rastUtil＝new Rastutil()；
  rastUtil.CreateRaster("d:\\raster\\Raster.gdb", "rasterForTest")；
}
```

5.运行结果

运行程序,点击"栅格管理"菜单下的"创建栅格数据集",在 D:\Raster 的文件数据库 Raster 中新增了栅格 rasterForTest,如图 8-3 所示。

图 8-3　创建栅格

8.3　栅格数据处理

影像和栅格数据处理可以是一些基本操作,例如栅格数据格式转换、定义坐标参考、改进数据外观等,也可以进行高级处理,如信息和特征提取(植被指数、影像融合和边缘检测等)、应用栅格分析(邻域分析、邻近分析和流域分析等)、栅格数据代数运算等计算处理。

8.3.1　栅格数据格式转换

栅格数据集组件提供了 IRasterBandCollection 接口,如图 8-4 所示。通过该接口可以实现:根据波段名称获取波段对象或波段索引,获取波段枚举列表,波段数量;提供了增加波段、附加一个或多个波段、清除和移除、另存为等方法。利用 IRasterBandCollection 的 SaveAs 可以实现栅格数据的格式转换。

栅格数据格式转换

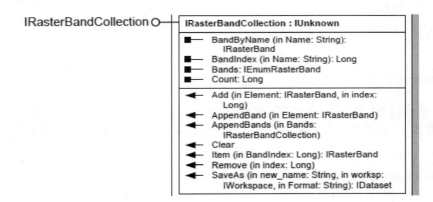

图 8-4　IRasterBandCollection 接口

IRasterBandCollection 的 SaveAs 方法利用已有栅格的波段创建一个新的栅格数据集。供以转换的数据格式有 Imagine、TIFF、GRID、JPEG2000、JPEG、BMP、GIF、PNG、PCI Raster、USGS ASCII DEM、X11 Pixmap、Memory Raster 和 Geodatabase Raster。

1.添加控件和类库引用

在程序主菜单项"栅格管理"下增加菜单项"格式转换",控件名为"miRasterConvert"。

2.添加"栅格数据格式转换"函数

向栅格工具类 RasterUtil 添加"栅格数据格式转换"函数,根据输入栅格集及各类参数转换成输出栅格数据集。代码如下:

```
public bool RasterConvert(string fileGDB, string oldRasterName, string filePath,
string newRasterName)
    {
```

```
IWorkspace workspace;
    IRasterWorkspaceEx rasterWorksapceEx;
    //打开输入工作空间
    rasterWorksapceEx＝OpenRasterWorkspaceFromFileGDB(fileGDB);
    //打开栅格数据集
        IRasterDataset  rasterDataset  =  rasterWorksapceEx. OpenRasterDataset
        (oldRasterName);
    //得到栅格波段
    IRasterBandCollection rasterBands＝(IRasterBandCollection)rasterDataset;

    //打开输出工作空间
    workspace＝OpenRasterWorkspaceFromFile(filePath) as IWorkspace;
    //另存为给定文件名的图像文件
    rasterBands.SaveAs(newRasterName, workspace, "TIFF");
return true;

}
```

3.添加栅格数据格式转换事件

　　双击"格式转换"菜单项,添加"miRasterConvert"控件的 Click 事件,并传入栅格数据格式转换的参数,包括栅格文件所在文件夹、原栅格数据集名称、另存为的栅格数据集文件名。代码如下:

```
private void miRasterConvert_Click(object sender, EventArgs e)
{
    Rastutil rastUtil＝new Rastutil();
    rastUtil. RasterConvert("d:\\raster\\Raster. gdb", "world", "d:\\raster","
    newRaster.tif");
}
```

4.运行结果

　　运行程序,点击"栅格管理"菜单下的"格式转换",在 D:\Raster 目录下新增了一个影像文件 newRaster. tif,将其添加到地图中,如图 8-5 所示。

8.3.2　栅格影像镶嵌

栅格影像镶嵌

　　影像镶嵌是两幅或多幅影像的融合。其基本思想是:首先,创建一个单个栅格数据集,然后根据空间位置和影像特征信息一个个将其他影像融合在一起。在影像进行镶嵌的时候,在两个图像重叠区域,会用新图像去覆盖原来图像的区域。

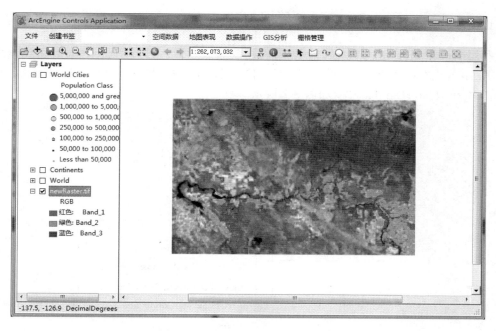

图 8-5　添加 newRaster. tif 至地图

ArcGIS 对影像镶嵌的要求很高,包括:

(1)影像图必须具有相同的像素深度;

(2)影像图必须具有相同的波段数;

(3)影像图必须定义了空间参考;

(4)影像图必须具有相同的空间分辨率。

图 8-6 示意了 3 幅有着重叠的影像镶嵌成一幅影像的过程。镶嵌影像之间往往会存在部分重叠,重叠部分通常像素值都不同,这就需要使用镶嵌操作算子,根据权重因子计算重叠像元的像素值。例如,选取平均值、选取最小或最大值或者根据权重重新计算等算法。

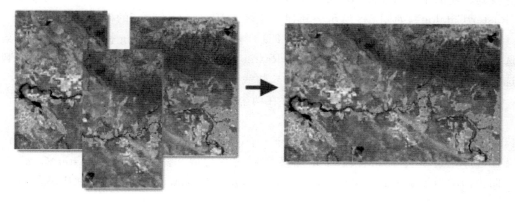

图 8-6　影像镶嵌

1. 栅格影像拼接前准备

利用 ArcCatalog 创建个人数据库,用以存放镶嵌影像。打开 ArcCatalog,新建一个文件夹 Raster,在右键菜单中点击"new",在其下拉菜单下选择"Personal Geodatabase"。将数据库命名为"RasterDatabase"。如图 8-7 所示。

图 8-7　新建个人数据库

找到新建的个人数据库 RasterDatabase,在其右键菜单中点击"new",在下拉菜单中找到"Raster Catalog",如图 8-8 所示。新建一个名为"RasterCatalog"的栅格目录。

在新建的栅格目录中装载影像,如图 8-9 所示,在 RasterCatalog 栅格目录的右键菜单中选择 Load,在其下拉菜单下点击"Load Raster Datasets...",从 ArcGIS 安装的示例数据中选择 C00000000.png 和 C00000001.png,装载至栅格目录。

装载成功后可以看到栅格目录下已存在两个影像图。

2. 添加控件和类库引用

在程序主菜单项"栅格管理"下增加菜单项"影像镶嵌",控件名为"miRasterMosaic"。向当前项目添加 DataSourcesGDB 类库引用,并向 RasterUtil.cs 中添加代码:

```
using ESRI.ArcGIS.DataSourcesGDB;
```

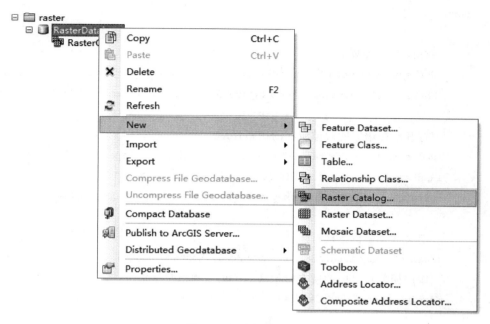

图 8-8　新建栅格目录

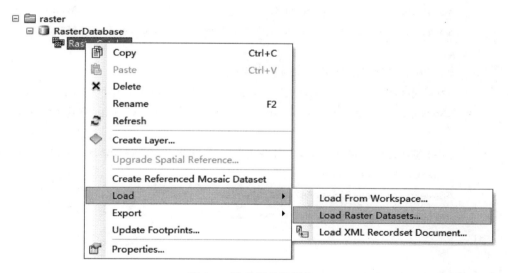

图 8-9　装载栅格数据集

3. 添加"影像镶嵌"函数

向栅格工具类 RasterUtil 添加"影像镶嵌"函数,将步骤 1 中引入的两幅影像镶嵌成一幅影像。代码如下:

//影像镶嵌,将 catalogName 中的所有栅格影像镶嵌成单个影像,并以 outputName 为文件
//名保存至 outputFolder
    public void Mosaic(string GDBName,string catalogName, string outputFolder, string

```
    outputName)
    {
        //打开个人数据库
        IWorkspaceFactory workspaceGDBFactory＝new AccessWorkspaceFactoryClass();
        IWorkspace GDBworkspace＝workspaceGDBFactory.OpenFromFile(GDBName,0);

        //打开要被镶嵌的影像所在的栅格目录
        IRasterWorkspaceEx rasterWorkspaceEx＝(IRasterWorkspaceEx)GDBworkspace;
        IRasterCatalog rasterCatalog;
        rasterCatalog＝rasterWorkspaceEx.OpenRasterCatalog(catalogName);

        //定义一个影像镶嵌对象
        IMosaicRaster mosaicRaster＝new MosaicRasterClass();
        //镶嵌栅格目录中的所有影像到一个输出栅格数据集
        mosaicRaster.RasterCatalog＝rasterCatalog;

        //设置镶嵌选项
        mosaicRaster.MosaicColormapMode＝rstMosaicColormapMode.MM_MATCH;
        mosaicRaster.MosaicOperatorType＝rstMosaicOperatorType.MT_LAST;

        //打开输出栅格数据集所在的工作空间
        IWorkspaceFactory workspaceFactory＝new RasterWorkspaceFactoryClass();
        IWorkspace workspace＝workspaceFactory.OpenFromFile(outputFolder,0);

        //保存到目标栅格数据集,数据格式可以是 TIFF, IMG, GRID, BMP, GIF, JPEG2000,
        //JPEG, Geodatabase 等
        ISaveAs saveas＝(ISaveAs)mosaicRaster;
        saveas.SaveAs(outputName,workspace,"TIFF");
    }
```

4. 添加"影像镶嵌"事件

双击菜单项"影像镶嵌",创建"miRasterMosaic"的单击事件,并添加如下代码:

```
private void miRasterMosaic_Click(object sender, EventArgs e)
{
    Rastutil rastUtil＝new Rastutil();
    rastUtil.Mosaic("d:\\raster\\RasterDatabase.MDB","RasterCatalog", "d:\\
    Raster", "MosaicRaster.tif");
}
```

5. 运行结果

运行程序,点击"栅格管理"下的"影像镶嵌",在 d:\Raster 目录下多了一个 MosaicRaster. tif 文件,将该文件添加至地图。

8.3.3 栅格转换相关组件

ArcGIS Engine 利用栅格转换操作组件 RasterConversionOp 向开发者提供了栅格数据的转换,包括导入和导出、栅格到矢量、矢量到栅格等不同数据模型之间的转换,也包括从记录文件到栅格影像的转换,如图 8-10 所示。

图 8-10 栅格转换操作组件

栅格转换操作组件根据不同类型的栅格数据转换操作实现了不同的接口,如表 8-1 所示,共有 10 个接口,分别提供了矢—栅转换、栅格分析环境控制、栅格输入输出文件类型控制等不同的方法和功能。

表 8-1　栅格转换组件相关接口

接　口	说　明
IConversionOp	提供了栅格与矢量数据模型之间的转换,可以将栅格数据转换成点、线、面
IGeoAnalysisEnvironment	提供了地学分析环境控制的工具,包括工作空间和空间参考
IRasterAnalysisEnvironment	提供了栅格分析环境的控制工具,包括空间范围、掩膜、像元大小等
IRasterAnalysisGDBEnvironment	提供了控制 Geodatabase 栅格数据分析环境的工具。包括压缩方法、金字塔等
IRasterAnalysisGlobalEnvironment	提供了控制栅格分析的全局环境控制工具
IRasterExportOp	提供了控制导出栅格数据的格式,导出成 GRID ASCII 文件,还是 Float GRID 文件
IRasterImportOp	提供了控制导入栅格数据的格式,是 GRID ASCII 文件,或 Float GRID 文件,还是 USGS DEM 文件
IRasterImportOp2	提供了控制导入栅格数据的格式,是 GRID ASCII 文件,或 Float GRID 文件,还是 USGS DEM 文件
IRasterOpBase	RasterOpBase 对象的接口
ISupportErrorInfo	返回的错误信息

8.4　栅格空间分析

　　基于栅格数据的空间分析是 GIS 空间分析的重要组成部分。在 ArcGIS 中,栅格数据的空间分析主要包括距离制图、密度制图、表面生成与分析、单元统计、领域统计、分类区统计、重分类、栅格计算等功能。ArcGIS Engine 提供了栅格数据空间分析所需要的功能组件,方便执行各种栅格数据空间分析操作,解决空间问题。

8.4.1　栅格计算

　　栅格计算是栅格数据空间分析中数据处理和分析中最为常用的方法,是建立复杂的应用数学模型的基本模块。ArcGIS Engine 提供栅格计算的组件,不仅可以方便地完成基于数学运算符的栅格运算,以及基于数学函数的栅格运算,而且它还支持直接调用 ArcGIS 自带的栅格数据空间分析函数。

　　栅格数据结构空间信息隐含属性信息明显的特点,可以看做是最典型的数据层面。通过数学关系建立不同数据层面之间的联系是 GIS 提供的典型功能。空间模拟尤其需要通过各种各样的方程将不同数据层面进行叠加运算,以揭示某种空间现象或空间过程。这种作用于不同数据层面上的基于数学运算的叠加运算,在地理信息系统中称为地图代数。地图代数功能有三种不同的类型:

（1）基于常数对数据层面进行的代数运算；

（2）基于数学变换对数据层面进行的数学变换（指数、对数、三角变换等）；

（3）多个数据层面的代数运算（加、减、乘、除、乘方等）和逻辑运算（与、或、非、异或等）。

1. 数学运算

数学运算主要是针对具有相同输入单元的两个或多个栅格数据逐网格进行计算的。主要包括三组数学运算符，即算术运算符、布尔运算符和关系运算符。

（1）算术运算

算术运算主要包括加、减、乘、除四种，可完成两个或多个栅格数据相对应单元之间的加、减、乘、除运算。

（2）布尔运算

布尔运算主要包括：和（And）、或（Or）、异或（Xor）、非（Not）。它是基于布尔运算来对栅格数据进行判断的。经判断后，如果为"真"，则输出结果为1，如果为"假"，则输出结果为0。

● 和（&）：比较两个或两个以上栅格数据层，如果对应的栅格值均为非0值，则输出结果为真（赋值为1），否则输出结果为假（赋值为0）。

● 或（|）：比较两个或两个以上栅格数据层，对应的栅格值中只要有一个或一个以上为非0值，则输出结果为真（赋值为1），否则输出结果为假（赋值为0）。

● 异或（!）：比较两个或两个以上栅格数据层，如果对应的栅格值在逻辑真假互不相同（一个为0，一个必为非0值），则输出结果为真（赋值为1），否则输出结果为假（赋值为0）。

● 非（^）：对一个栅格数据层进行逻辑"非"运算。如果栅格值为0，则输出结果为1；如果栅格值非0，则输出结果为0。

（3）关系运算

关系运算以一定的关系条件为基础，符合条件的为真，赋予非0值，不符条件的为假，赋予0值。关系运算符包括 =、<、>、<>、>=、<=。

2. 函数运算

栅格计算器除了提供简单的数学运算符以进行栅格计算外还提供一些相对复杂的函数运算，包括数学函数运算和栅格数据空间分析函数运算。数学函数主要包括算术函数、三角函数、对数函数和幂函数。

（1）算术函数（Arithmetic）

算术函数主要包括六种：Abs（绝对值函数）、Int（整数函数）、Float（浮点函数）、Ceil（向上舍入函数）、Floor（向下舍入函数）、IsNul（输入数据为空数据者以1输出，有数据者以0输出）。

（2）三角函数（Trigonometric）

常用的三角函数包括 Sin（正弦函数）、Cos（余弦函数）、Tan（正切函数）、Asin（反正弦函数）、Acos（反余弦函数）、Atan（反正切函数）。

（3）对数函数（Logarithms）

对数函数可对输入的格网数字做对数或指数的运算。指数部分包括：Exp（底数 e）、Exp10（底数 10）、Exp2（底数 2）三种；对数部分包括：Log（自然对数）、Log10（底数 10）、Log2（底数 2）等三种。

（4）幂函数（Powers）

幂函数可对输入的格网数字进行幂函数运算。幂函数包括三种：Sqrt（平方根）、Sqr（平方）、Pow（幂）。

（5）栅格数据空间分析函数

栅格计算器也直接支持 ArcGIS 自带的大部分栅格数据分析与处理函数，如栅格表面分析中的 slope、hillshade 函数等，在此不一一列举，具体用法请参阅相关文档。它与数学函数不同的是，这些函数并没有出现在栅格计算器图形界面中，而是由计算者自己手动输入。

ArcGIS Engine 的栅格分析模块中，RasterMathSupportOp 组件为用户进行栅格运算提供了接口，包括栅格像素值的浮点化、整型化、加、减、乘除等常规运算，如图 8-11 所示。

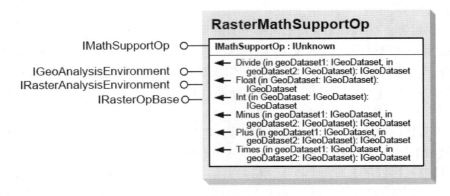

图 8-11　栅格计算操作组件

8.4.2　栅格插值

栅格插值包括简单栅格表面的生成和栅格数据重采样。ArcGIS Engine 的栅格分析模块中，RasterInterpolationOp 组件为用户进行栅格插值运算，包括反距离权重插值 IDW、克里金插值 Krige、样条曲线插值、拟趋势合插值与变差插值，如图 8-12 所示。

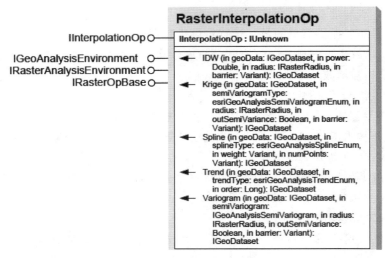

图 8-12　栅格插值操作组件

RasterInterpolationOp 组件实现了 IInterpolationOp、IInterpolationOp2、IInterpolationOp3 三个接口供用户调用插值，另外还提供了 IGeoAnalysisEnvironment、IRasterAnalysis-Environment 及 IRasterOpBase 接口进行栅格分析的环境设置。

8.4.3　地形分析

基于栅格的地形分析主要通过生成新数据集，诸如等值线、坡度、坡向、山体阴影等派生数据，获得更多的反映原始数据集中所暗含的空间特征、空间格局等信息。在 ArcGIS 中，表面分析的主要功能有查询表面值、从表面获取坡度和坡向信息、创建等值线、分析表面的可视性、从表面计算山体的阴影、确定坡面线的高度、寻找最短路径、计算面积和体积、数据重分类、将表面转化为矢量数据等。

如图 8-13 所示，ArcGIS Engine 的栅格地形分析组件 RasterSurfaceOp 提供了 ISurfaceOp、ISurfaceOp2 接口，为用户实现坡面分析、坡向分析、等高线生产、山体阴影分析等功能提供了方法，同时提供 IGeoAnalysisEnvironment、IRasterAnalysisEnvironment、IRasterOpBase 等接口进行栅格分析环境设置。

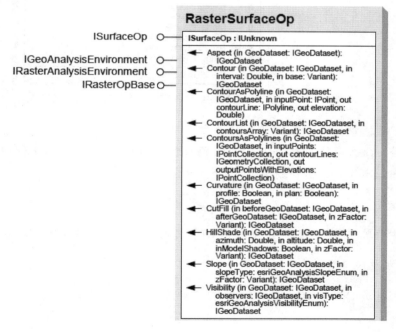

图 8-13　栅格地形分析组件

8.4.4　栅格统计

当多层栅格数据进行叠加分析时，经常需要以栅格单元为单位进行栅格统计分析，在 ArcGIS 中，栅格统计包括以下 10 种：

（1）Minimum：找出各单元上出现最小的数值；

（2）Maximum：找出各单元上出现最大的数值；

（3）Range：统计各单元上出现数值的范围；

栅格统计

（4）Sum：计算各单元上出现数值的和；

（5）Mean：计算各单元上出现数值的平均数；

（6）Standard Deviation：计算各单元上数值的标准差；

（7）Variety：找出各单元上不同数值的个数；

（8）Majority：统计各单元上出现频率最高的数值；

（9）Minority：统计各单元上出现频率最低的数值；

（10）Median：计算各单元上出现数值的中值。

ArcGIS Engine 也为栅格统计提供了相关组件。如图 8-14 所示，RasterStatistics 组件实现了 IRasterStatistics 接口，为用户进行栅格统计提供方法。

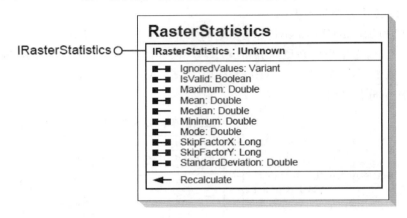

图 8-14　栅格统计组件

下面以统计融合后的 MosaicRaster. tif 影像的均值和标准差为例，示例如何利用栅格统计组件 RasterStatistics 进行栅格统计。

1. 添加控件

在程序主菜单项"栅格管理"下增加菜单项"栅格统计"，控件名为"miRasterStatistic"。

2. 添加"栅格统计"函数

向栅格工具类 RasterUtil 添加"栅格统计"函数，统计栅格影像的均值和标准差。代码如下：

```
public string RasterStistics(string filePath, string rasterName)
    {
        IWorkspace workspace;
        IRasterWorkspaceEx rasterWorksapceEx;
        //打开工作空间
            rasterWorksapceEx = ( IRasterWorkspaceEx ) OpenRasterWorkspaceFromFile
            (filePath);
        workspace=(IWorkspace)rasterWorksapceEx;
        //打开栅格数据集
```

```
        IRasterDataset  rasterDataset  =  rasterWorksapceEx. OpenRasterDataset
    (rasterName);
    //得到栅格波段
    IRasterBandCollection rasterBands=(IRasterBandCollection)rasterDataset;
    IEnumRasterBand enumRasterBand=rasterBands. Bands;
    //定义一个字符串记录统计结果
    string sRasterStisticsResult="栅格统计结果: \n";
    //逐个波段统计,每个波段的均值和标准差
    IRasterBand rasterBand=enumRasterBand. Next();
    while (rasterBand != null)
    {
        //调用获取栅格统计信息函数
        sRasterStisticsResult += GetRasterStistics(rasterBand);
        rasterBand=enumRasterBand. Next();
    }
    return sRasterStisticsResult;
}
```

```
//功能:根据给定栅格波段,统计其均值和均方差,并以字符串形式返回。
private string GetRasterStistics(IRasterBand rasterBand)
{
    IRasterStatistics rasterStatistics=rasterBand. Statistics;
    string statisticsResult;
    statisticsResult="均值为:"+rasterStatistics. Mean. ToString()
                        +";标准差为:"+ rasterStatistics. StandardDeviation.
                        ToString();
    return statisticsResult;
}
```

3. 添加"栅格统计"事件

代码如下:

```
private void miRasterStatistic_Click(object sender, EventArgs e)
{
    string rasterStatistics;
    Rastutil rastUtil=new Rastutil();
    rasterStatistics=rastUtil. RasterStistics("d:\\Raster", "MosaicRaster. tif");
    MessageBox. Show(rasterStatistics);
}
```

4.运行结果

运行程序,统计融合后的栅格影像信息,如图 8-15 所示。

图 8-15　影像统计结果

思考与练习

1.尝试利用 ArcGIS Engine 提供的栅格运算工具,编写一个栅格计算器,能由用户自定义计算表达式。

2.利用栅格空间分析组件,添加一个地形坡向分析的功能,进行 DEM 的地形分析。

第 9 章　ArcEngine 深入开发

ArcGIS 在其基本功能之外,提供了一系列的扩展模块,使得用户可以实现高级分析功能,例如栅格空间处理以及三维分析功能。所有的扩展模块都可以在 ArcView、ArcEditor 和 ArcInfo 中使用,绝大多数扩展模块可以独立地被注册或授权。

9.1　ArcGIS 扩展模块

ArcGIS 包含多个可选的扩展模块,图 9-1 列出了 ArcGIS 10 中包含的扩展模块。

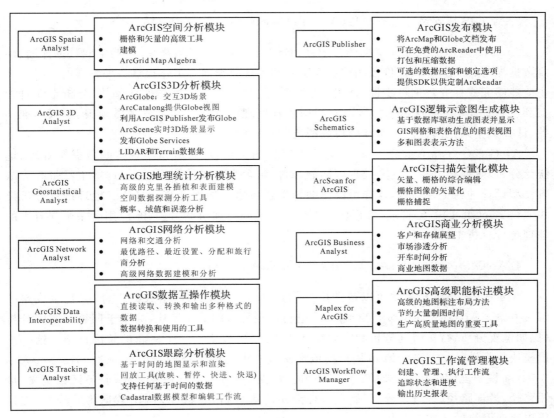

图 9-1　ArcGIS10 中的扩展模块

1. ArcGIS 空间分析模块（ArcGIS Spatial Analyst）

ArcGIS 空间分析模块提供了众多强大的栅格建模和分析的功能，利用这些功能可以创建、查询、制图和分析基于格网的栅格数据。使用 ArcGIS Spatial Analyst，用户可从现存数据中得到新的数据及衍生信息、分析空间关系和空间特征、寻址、计算点到点旅行的综合代价等。同时，还可以进行栅格和矢量结合的分析。

2. ArcGIS 3D 分析模块（ArcGIS 3D Analyst）

ArcGIS 3D 分析模块提供了强大的、先进的三维可视化、三维分析和表面建模工具。通过 ArcGIS 3D 分析模块，你可以从不同的视点观察表面、查询表面、确定从表面上某一点观察时其他地物的可见性，还可以将栅格和矢量数据贴在表面以创建一幅真实的透视图，还可以对三维矢量数据进行高端分析。使用 ArcGIS 3D 分析模块，可以有效地编辑和管理三维数据。

ArcGIS 3D 分析扩展模块的核心是 ArcGlobe 应用程序。ArcGlobe 提供浏览多层 GIS 数据、创建和分析表面的界面，可以高效地处理栅格、矢量、地形和三维可视化与分析扩展模块。通过 ArcGIS 3D 分析模块，能够对表面数据进行高效率的可视化和分析影像数据集。

3. ArcGIS 地理统计分析模块（ArcGIS Geostatistical Analyst）

ArcGIS 地理统计分析模块是 ArcGIS Desktop 的一个扩展模块，它为空间数据探测、确定数据异常、优化预测、评价预测的不确定性和生成数据面等工作提供各种各样的工具。其主要能够完成探究数据可变性、查找不合理数据、检查数据的整体变化趋势、分析空间自相关和多数据集之间的相互关系，以及利用各种地理统计模型和工具来做预报、预报标准误差、计算大于某一阈值的概率和分位数图绘制等工作。

ArcGIS Geostatistical Analyst 是一个完整的工具包，它可以实现空间数据预处理、地统计分析、等高线分析和后期处理等功能，同样包含交互式的图形工具，这些工具带有为缺省模型设计的稳定性参数，这样可以帮助初学者快速掌握地理统计分析。地理统计分析模块使得 ArcGIS 的数据管理、可视化和图形工具之间更加协调，是 GIS 应用者一个强有力的地理统计分析工具。

4. ArcGIS 网络分析模块（ArcGIS Network Analyst）

ArcGIS 网络分析模块可以帮助用户创建和管理复杂的网络数据集合，并且生成路径解决方案。ArcGIS Network Analyst 是进行路径分析的扩展模块，为基于网络的空间分析（比如位置分析、行车时间分析和空间交互式建模等）提供了一个崭新的解决框架。这一扩展模块将帮助 ArcGISDesktop 用户模拟现实世界中的网络条件与情景。ArcGIS Network Analyst 模块能够进行行车时间分析、点到点的路径分析，以及路径方向、服务区域定义、最短路径、最佳路径、邻近设施、起始点目标点矩阵等分析，支持 3D 网络数据集的分析，支持历史交通网络的建立与分析。

5. ArcGIS 数据互操作模块（ArcGIS Data Interoperability）

使用 ArcGIS 数据互操作（Data Interoperability）扩展可以直接访问几十种空间数据格式，包括 GML、DWG/DXF 文件、MicroStation Design 文件、MapInfo MID/MIF 文件和 TAB 文件类型等。用户可以通过拖放方式让这些数据和其他数据源在 ArcGIS 中直接用于制图、空间处理、元数据管理和 3D globe 制作。例如，所有制图功能都可使用这些数据源，包括查看要素和属性、识别要素和进行选择。

数据互操作扩展模块也提供一系列的数据转换工具，用以构建更加复杂的矢量数据格式和转换器。ArcGIS 数据互操作（Data Interoperability）技术来自 Safe 软件公司（世界领先的 GIS 互操作提供商）的 FME（Feature Manipulation Engine）产品。该扩展由 Esri 和 Safe 软件公司共同维护。

6. ArcGIS 跟踪分析模块（ArcGIS Tracking Analyst）

ArcGIS Tracking Analyst 模块提供时间序列的回放和分析功能，可以帮助显示复杂的时间序列和空间模型，并且有助于在 ArcGIS 系统中与其他类型的 GIS 数据集成的时候相互作用。ArcGIS Tracking Analyst 扩展了 ArcGIS 桌面功能，它提供了多种分析工具和功能，能够和其他的扩展模块结合起来为交通、应急反应、军事以及其他领域的用户实现功能强大的应用。用户可以使用 ArcGIS 追踪分析模块显示分析时间数据，包括随着时间变化追踪要素的移动轨迹，以及某个时间段特定位置的追踪系统值的变化。

7. ArcGIS 发布模块（ArcGIS Publisher）

ArcGIS 发布模块是一款用于公开发布 ArcGIS 桌面系统制作的数据和地图的扩展模块。Publisher 能够为任何一个 ArcMap 的地图文档或 ArcGIS 3D 分析扩展生成的 Globe 文件产生一个可供发布的（*.pmf 格式）的地图文件。

PMF 文件可以在免费的 ArcReader 应用系统中使用，这样可以自由地与许多用户共享你的 ArcMap 文档。使用了 ArcGIS Publisher，用户可以将数据集打包发布，加密成高质量的只读文件型空间数据库格式，供其他人安全地访问这些空间图形数据。

8. ArcGIS 逻辑示意图生成模块（ArcGIS Schematics）

ArcGIS 逻辑示意图生成模块（ArcGIS Schematics）可以根据线性网络数据自动生成、动态展现和灵活操作逻辑示意图，允许用户高效地检查网络的连通性并创建多种层次的逻辑表现。无论是电力、燃气、通信或者是其他各种平面设施网络都可以通过 ArcGIS Schematics 模块来创建基于数据库的逻辑示意图及空间位置地图。通过该模块用户可以提取网络结构的逻辑视图，并可以把结果放到文档或地图中。

ArcGIS Schematics 生成的逻辑示意图是简化的网络制图表达，目的是详细体现自身结构，以便通过简单易用的方式进行操作。逻辑示意图可用于表示不具有比例约束的已定义空间内的任何类型的网络，并且以要素的形式存储，因此无需配置符号系统和标注的逻辑示意图。

9. ArcGIS 扫描矢量化模块（ArcScan for ArcGIS）

ArcGIS 扫描矢量化模块为 ArcEditor 和 ArcInfo 增加了栅格编辑和扫描数字化等能力。其通常用于从扫描矢量地图和手画地图中获取数据。ArcScan 简化了 ArcGIS Workstation 的数据获取工作流程。

使用 ArcScan 模块能够实现从栅格到矢量的转换任务，包括栅格编辑、栅格捕捉、手动的栅格跟踪和批量矢量化。

10. ArcGIS 的 Maplex 扩展模块（Maplex for ArcGIS）

ArcGIS 高级智能标注模块在 ArcMap 中增加了高级的标注放置和冲突检测方法。可以生成能保存在地图文档中的文字和可以保存在 Geodatabase 复杂注记层中的注记。

Maplex 标注属性可以保留在只读地图文档中，支持 MSD 格式，并且可以发布为优化的地图服务。Maplex 扩展模块支持沿边界没有直接相对的一侧标注面，可以在同一个面内重复放置标注。

使用 Maplex 可以节约很多时间。实例研究已经表明，使用 Maplex 在地图上标注至少可以节约 50% 的时间。Maplex 是 GIS 制图的一个重要工具，它提供了很好的文字渲染和具有打印质量的文字放置方式。因此，任何需要制作高质量地图的地方都应该考虑至少需要一套 ArcGIS 的 Maplex。

11. ArcGIS 工作流管理模块（ArcGIS Workflow Manager）

ArcGIS Workflow Manager 是一个企业级工作流管理应用程序，提供了一个多用户地理数据库环境集成框架。它改善了许多方面，包括工作的管理和追踪、简化工作流程，从而为各种项目实施节省了大量时间。ArcGIS Workflow Manager 提供了一系列工具来配置资源和追踪工作状态和进度。

ArcGIS Workflow Manager 支持工作历史记录自动存储，这样可以输出报表来帮助进度管理者了解整个工作进度。这些信息可以辅以文档备注来提供更为丰富的工作文件。ArcGIS Workflow Manager 能够在后台处理复杂的地理数据库操作任务，协助用户创建和管理地理数据库。通过整合 ArcGIS Workflow Manager 和 ArcGIS 地理数据库工具，用户能够获得一套跟踪要素编辑、使用版本和归档功能的完整方案。

12. ArcGIS 商业分析模块（ArcGIS Business Analyst）

ArcGIS 商业分析模块提供了高级的分析工具和一个完整的数据包，用于分析商业和人口统计信息，为关键商业决策提供有力的帮助。

ArcGIS 商业分析含有一系列的商业、人口统计和消费者家庭信息数据和工具，用于分析市场和竞争状况、最佳商业位置选址等，可以让用户完成复杂而精确的商业分析。

将销售数据、人口统计数据和竞争对手位置分布等信息与地理数据（如人口普查边界、地区划分或商店位置）结合，ArcGIS 商业分析可以让用户更好地理解他们的市场、消费者和竞争对手。

9.2　利用 GeoProcessing 实现流程式空间处理

空间处理的主要目标是为所有的 GIS 用户提供地理数据分析和管理的工具。空间处理所具有的分析和建模能力使 ArcGIS 成为一个完整的地理信息系统。不论是 ArcGIS 新手还是高级用户,在日常使用 ArcGIS 工作时都几乎必不可少地要使用到空间处理。

9.2.1　GeoProcessing

ArcGIS 提供了 GeoProcessing 工具以完成从简单的叠加分析到复杂的线性回归分析等各种 GIS 任务。同时,还提供了自动化 GIS 任务以及开发用户自定义工作流的方法,方便用户构建一定模式的工作流程,供其他工作者共享使用该空间处理模型。

GeoProcessing 具有 GIS 任务自动化的特点。几乎所有的 GIS 操作都会包含重复性的工作,这就产生了自动化处理,建立多步骤流程的文档及共享之间的需求。执行自动操作的任务可以是普通任务,例如,将大量数据从一种格式转换为另一种格式;或者也可以是很有创造性的任务,这些任务使用一序列操作来对复杂的空间关系进行建模和分析,例如,通过交通网计算最佳路径、预测火势路径、分析和寻找犯罪地点的模式、预测哪些地区容易发生山体滑坡或预测暴雨事件造成的洪水影响。空间处理通过提供一套丰富的工具和利用模型和脚本将工具有序集成起来的机制支持有关空间工作流程的自动化。

地理处理以数据变换的框架为基础。典型的地理处理工具会在 ArcGIS 数据集(如要素类、栅格或表)中执行操作,并最终生成一个新数据集。每个地理处理工具都用于对地理数据执行一种非常重要的小操作,例如将数据集从一个地图投影中投影到另一个地图投影中,或是向表中添加字段或在要素周围创建缓冲区。ArcGIS 包含了好几百个这样的空间处理工具,用户可以将这些工具组合起来,编成一个顺序执行的流程,这样就可以设计出各种模型来实现自动化工作,执行复杂分析来解决复杂问题。

空间分析是 GIS 功能有别于一般图形图像处理系统的主要特征,也是衡量一个 GIS 系统性能好坏、功能强弱的一个最重要的部分。利用空间分析,通过大量丰富、复杂的空间操作集合,能融合许多独立的信息源,获得一系列新的信息和结果。许多 ArcGIS 扩展模块都会为用户带来额外的空间处理工具集,例如空间分析扩展会提供大约 200 个栅格建模的工具,3D 分析扩展包含许多针对 TIN 和 Terrain 数据的分析工具。

空间处理也可以作为服务出现。用户可利用 ArcGIS Server 将一个工具箱发布为空间处理服务,从而使更多的人员享用流程化处理和分析模型的功能。

9.2.2　利用 ModelBuilder 建立空间处理工具

空间处理模型(Geoprocessing Model)是一组数据流的图表,将一系列的工具和数据串起来以创建高级的功能和流程。控件处理模型由工具、脚本和数据组成。

ModelBuilder 工具为设计和实现空间处理模型提供一个图形化的建模框架。用户可以将工具和数据集拖动到一个模型中,然后按照有序的步骤把它们连接起来以实现复杂的 GIS 任务。

　　本节将设计一个空间处理模型,执行一个简化的机场选址分析,生产一个可供评估的机场候选地址数据集。地点选择的逻辑是查找靠近人口密集区,但与任何现有机场均有一定距离的区域,即希望机场离大城市近一些,但又不希望机场的分布过于密集。此外,新机场的地点靠近人口密集区要比远离现有机场更重要。如前所述,这是一个非常简单的逻辑,其目的仅是为进一步评估确定潜在地点。

　　在图 9-2 中,"潜在机场地点选址分析"地图用深色显示比较适宜的位置,而不太适宜的区域则以浅灰色显示。在地点选择的考虑因素中,人口密度因素与距现有机场的距离因素各占 50%。

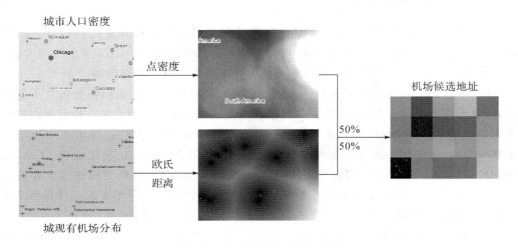

图 9-2　潜在机场地点选址分析

　　图解建模是指用直观的图形语言将一个具体的过程模型表达出来。在这个模型中,分别定义不同的图形代表输入数据、输出数据、空间处理工具,它们以流程图的形式进行组合并且可以执行空间分析操作功能。当空间处理涉及许多步骤时,建立模型可以让用户创建和管理自己的工作流,明晰其空间处理任务,为复杂的 GIS 任务建立一个固定有序的处理过程。

　　模型构建器(Model Builder)是 ArcGIS 提供的构造地理处理工作流和脚本的图形化建模工具,可加速复杂地理处理模型的设计和实施。模型构建器也集成了 3D、空间分析、地理统计等多种空间处理工具。

　　在 ArcGIS 中可以通过以下方式启动模型构建器:如图 9-3 所示,选择 ArcMap 菜单中的地理处理菜单,在下拉列表中选择"模型构建器",即可打开模型构建模块。

　　如图 9-4 所示,利用模型构建器构建一个地理处理模型,包括五个步骤:

　　(1)通过一个包含人口数量等级的城市图层作为输入点要素类,计算出人口密度,然后为每个像元输出一个包含人口密度的栅格数据集。

　　(2)根据现有机场的栅格计算出每个像元到现有机场的距离,然后将该距离作为每个像元的值以输出一个栅格数据集。

　　(3)将"人口密度"输出进行重分类。

　　(4)将"到机场的距离"输出进行重分类。这两个重分类步骤都是将原始像元值转化为 0~100 之间的值。重分类值的得分代表实用性程度,其中 0 代表最不实用,100 代表最实

图 9-3　模型构建器工具

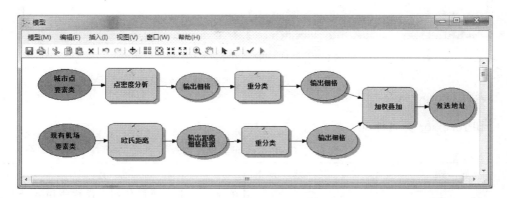

图 9-4　机场候选地址分析模型

用。例如,接近现有机场的像元值的得分会低于远离现有机场的像元值的得分,并且人口密度高的像元值的得分会高于人口密度低的像元值的得分。

(5)将这两个重分类中的输出数据导出,然后输入到加权叠加工具(该工具使用的权重为 50% 和 50%,在加权叠加工具中,所有权重的总和应为 100%)。

选址分析模型可以导出成 python 脚本,如图 9-5 所示。

9.2.3　地理处理相关类库与接口

GeoProcessor 类代表了 GP 任务资源。一个 GP 任务资源代表在单个任务使用的 ArcGIS Server 发布的一个 GP 服务,它支持下列操作之一:

- 执行——对一个 GP 任务的资源执行是同步进行的。
- 提交任务——异步 GP 任务资源的执行。

图 9-5 选址分析 python 脚本文件

1. 属性(Properties)

GeoProcessor 类属性见表 9-1。

表 9-1　GeoProcessor 类属性列表

属 性	类 型	描 述
outputSpatialReference	SpatialReference	在 V 2.0 中不建议使用。代替使用 outSpatial-Reference
outSpatialReference	SpatialReference	输出几何图形的空间参考。如果没有指定,输出几何图形输入几何图形的空间参考。如果 processSpatialReferencew 指定未指定 outSpatial-Reference,输出几何图形在过程中的空间参考的空间参考。支持的空间参考列表,请参阅投影坐标系统和地理坐标系统
processSpatialReference	SpatialReference	该模型将用于执行几何操作空间参考。如果 processSpatialReference 指定未指定 outputSpatial-Reference,输出几何图形在过程中的空间参考的空间参考。支持的空间参考列表,请参阅投影坐标系统和地理坐标系统
updateDelay	Number	每个作业状态请求之间的时间间隔,以毫秒为单位发送到异步 GP 任务
url	String	ArcGIS 的服务器的 REST API 端点收到的地理处理请求的资源

2. 方法（Methods）

GeoProcessor 类方法见表 9-2。

表 9-2　GeoProcessor 类方法列表

方　　法	返回值	描　　述
cancelJobStatusUpdates(jobId)	none	取消自动启动由 JOBID 确定的工作时 submit-Job()调用的更新周期的工作状态。由自定义的 checkStatus()方法调用,仍然可以取得这项工作的状态。
checkJobStatus（jobId, callback, errback)	none	发送到 GP 任务目前由 JOBID 确定的工作状态的请求。收到响应后,onStatusUpdate 事件被触发,可选的回调函数被调用
execute（inputParameters, call-back,errback)	dojo. Deferred	发送一个请求到服务器执行同步 GP 任务。完成后,onExecuteComplete 事件被触发,可选的回调函数被调用
getResultData（jobId, parameter-Name,callback,errback)	dojo. Deferred	GP 任务结果由 JOBID 和 resultParameterName 确定。将被触发,完成 getresultdatacomplete 事件,可选的回调函数将被调用
getResultImage（jobId, parame-terName, imageParameters, call-back,errback)	dojo. Deferred	发送到 GP 任务的要求,确定为任务结果由 JOBID和 resultParameterName 的图像
getResultImageLayer（jobId, pa-rameterName, imageParameters, callback,errback)	none	发送一个请求到 GP 任务的发现作为 ArcGIS-DynamicMapServiceLayer 的任务结果由 JOBID 和 resultParameterName
setOutputSpatialReference (spatialReference)	none	在 V 2.0,已"不建议使用"。代替使用 setOutSpa-tialReference
setOutSpatialReference (spatialReference)	none	设置输出几何图形的空间参考知名的 ID
setProcessSpatialReference (spatialReference)	none	设置该模型用来执行几何操作的空间参考知名的 ID
setUpdateDelay(delay)	none	设置发送异步 GP 任务的要求每个工作状态之间的时间间隔以毫秒为单位
submitJob(inputParameters, call-back,statusCallback,errback)	none	由 GP 任务异步处理服务器提交一个工作。一旦作业被提交,直到它被完成,onStatusUpdate 事件被触发和定期的的可选 statusCallback( )函数调用,其持续时间指定由 updateDelay 属性。作业完成后,onJobComplete 事件被解雇,可选的回调函数被调用使用 getResultData( )中,getResultImage( )或 getResultImageLayer( )方法可以检索任务的执行结果。

3. 事件（Events）

GeoProcessor 类事件见表 9-3。

表 9-3　GeoProcessor 类事件列表

事 件	Description
onError(error)	执行任务过程中发生错误时触发
onExecuteComplete(results,messages)	同步 GP 任务完成时触发
onGetResultDataComplete(result)	当异步 GP 任务执行的结果可获取时触发
onGetResultImageComplete(mapImage)	调用以 getResultImage()方法生成的地图图像时触发
onGetResultImageLayerComplete(ArcGIS-DynamicMapServiceLayer)	当 getResultImageLayer()已完成时触发
onJobComplete(status)	使用 submitJob 异步 GP 任务已完成时触发
onStatusUpdate(status)	状态更新时触发。

4. 地理处理结果类（IGeoprocessorResult）

地理处理结果类 GeoProcessorResult 返回地理处理执行后的结果，如图 9-6 所示，通过接口 IGeoprocessorResult 和 IGeoprocessorResult2 提供了对 GIS 任务执行的输入、输出以及执行结果的状态、消息的访问。

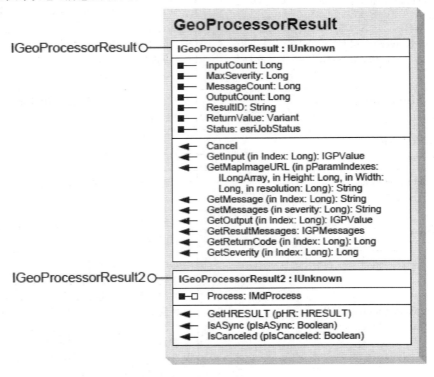

图 9-6　地理处理结果接口

9.2.4　在程序中添加 GeoProcessing 处理模型

地理数据类库包含了实现一体化地理处理框架的所有对象,地理处理框架可以满足执行多个 GIS 任务,并为工具使用、工具创建以及工具共享提供了便捷的框架。

地理处理生成
缓冲区

下面以添加一个生成要素类缓冲区为例介绍如何利用 GeoProcessing 进行批量 GIS 任务执行。

1.添加"扩展功能"类

向主工程添加一个扩展功能类,命名为 Extent.cs。

2.添加控件和类库引用

在程序主菜单项添加"功能扩展",在其下拉菜单中添加"地理处理"菜单项,控件名为"miExtentGP"。

向当前项目添加 Geoprocessing 与 Geoprocessor 类库引用,并向 Extent.cs 中添加代码:

```
using ESRI.ArcGIS.Geoprocessor;
using ESRI.ArcGIS.Geoprocessing;
```

3.添加"地理处理"函数

在项目中添加 AnalysisTools 类库引用。在扩展类 Extend 中添加"地理处理"函数,执行 GIS 任务。代码如下:

```
public void ExecuteGP()
{
    //定义初始化一个地理处理类对象
    Geoprocessor gp＝new Geoprocessor();
    gp.OverwriteOutput＝true;

    //定义一个地理处理结果对象并执行地理处理
    IGeoProcessorResult results;

    //定义一个缓冲区分析工具
    ESRI.ArcGIS.AnalysisTools.Buffer bufferTool＝new
            ESRI.ArcGIS.AnalysisTools.Buffer();

    //设置缓冲区参数
    bufferTool.in_features＝@"D:\data\WorldCities.shp";
    bufferTool.out_feature_class＝@"D:\data\data.gdb\Citybuffer";
    bufferTool.buffer_distance_or_field＝5;
```

```
        // 执行缓冲区分析
        gp.Execute(bufferTool, null);
    }
```

4. 添加"地理处理"事件

代码如下：

```
private void miExtentGP_Click(object sender, EventArgs e)
{
    Extent extent = new Extent();
    extent.ExecuteGP();
}
```

5. 运行结果

运行程序，生成一个缓冲区要素类，将要素类添加至地图，如图 9-7 所示。

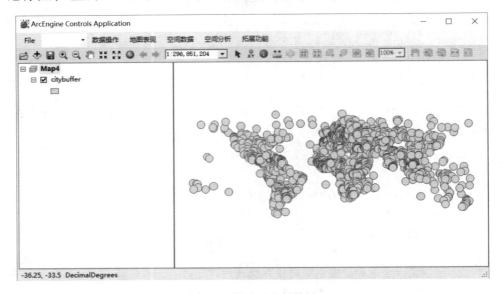

图 9-7 缓冲区分析结果

9.3 3D 分析开发

ArcGIS 3D 分析扩展模块是 ArcGIS 桌面产品的三维可视化和分析扩展模块，提供了强大的、先进的三维可视化、三维分析和表面建模工具。ArcGIS 3D 分析扩展模块的核心是 ArcScene 与 ArcGlobe 应用程序，ArcScene 应用为多层三维数据图的显示观察以及表面数据生成和分析提供了用户界面，ArcGlobe 提供基于球体的多层 GIS 数据浏览、分析，能够对表面数据进行高效率的可视化和分析，高效地处理栅格、矢量、地形和三维可视化与分析。

　　ArcScene 可以为用户构造透视观察场景，在其中用户可以对自己的 GIS 数据进行导航并交互操作。可以在表面上贴上栅格和矢量数据，拉伸矢量数据生成线条、墙体和块；在 ArcScene 中用户也可以用 3D 分析工具生成和分析表面。ArcGIS 3D 分析扩展模块扩展了 ArcCatalog，使用户能够管理 3D 数据和创建图层，并察看 3D 属性。用户能在 ArcCatalog 中预览 3D 场景和数据并可以使用与 ArcScene 中一样的导航工具。ArcGIS 3D 分析扩展模块也扩展了 ArcMap，使用户不仅能够分析表面，也可以用自己的数据生成新的表面，查询表面上某一位置的属性并分析从不同位置的表面部分的可见性。用户还可以决定某一表面上和表面下的表面面积和体积，并沿表面上某一 3D 线生成剖面。ArcGIS 3D 分析扩展模块还允许用户根据 ArcMap 中存在的 2D GIS 数据生成 3D 要素，或者用一个表面提供 Z 值数据来数字化新的 3D 矢量要素和图形。

9.3.1　ArcScene 相关组件与接口

1. SceneControl 控件

　　ArcScene 是一个 3D 可视化应用程序，能够以三维形式显示 GIS 数据。在 ArcGIS Engine 中提供了场景控件（SceneControl）。图 9-8 示意了 SceneControl 控件的常规属性。

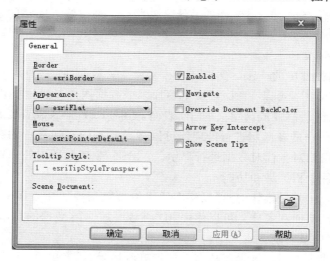

图 9-8　SceneControl 常规属性项

（1）边框样式

设置是否在控件周围绘制边框。默认情况下，设置为绘制边框。

（2）外观

将控件的外观设置为平面样式或 3D 样式。默认情况下，外观设置为平面样式。

（3）鼠标指针

设置当鼠标经过控件时鼠标指针的显示样式。默认情况下，设置为"默认指针"。通常，默认指针为箭头指针。

（4）工具提示样式

设置在 Windows XP 和 Windows 2000 操作系统中显示场景提示时是应用实心提示还

是透明提示。默认情况下,将显示实心样式的提示。

(5)显示场景提示

设置当鼠标移动到图层要素上时是否显示场景提示(如果存在)。默认情况下,不显示场景提示。

(6)启用

设置是否启用控件。默认情况下,将启用控件。

(7)导航

设置在运行时是否启用默认 SceneControl 导航功能。

(8)覆盖文档背景色

设置是否使用控件的背景色覆盖 Scene 文档的背景色。

(9)方向键拦截

对那些通常由开发环境容器处理的方向键的击键动作进行拦截。默认情况下,不拦截任何键,且 KeyIntercept 属性为 0。选中此框可将 KeyIntercept 属性设置为 1。将 KeyIntercept 属性设置为 esriKeyIntercept 常量的组合位掩码,可拦截 ALT、ENTER 和 TAB 键的击键动作。

(10)Scene 文档路径

加载到控件中的当前 Scene 文档的系统文件路径。通过输入完整的系统路径和文件名加载 Scene 文档。

(11)浏览 Scene 文档

浏览要加载到控件中的 Scene 文档。

在 SceneControl 中,可以在 3D 环境中叠加多个数据图层。通过提供要素几何中的高度信息、要素属性、图层属性或已定义的 3D 表面,能够以 3D 形式放置要素,而且,可以采用不同方式对 3D 视图中的各图层进行处理。可以将具有不同空间参考的数据投影到一个通用投影中,或只使用相对坐标对数据进行显示。ArcScene 还和地理处理环境完全集成在一起,允许您访问多种分析工具和功能。

借助 3D Analyst 扩展模块,您可以将图像或矢量数据叠加在表面上,然后从表面拉伸矢量要素以创建线、墙面和实体。可以使用 3D 符号增加 GIS 数据的显示真实性,并创建出能够分发结果的高质量动画。

此外,还可以使用不同的查看器从多个视点查看场景,或者更改 3D 图层的属性以使用着色或透明度功能。可更改 3D 场景的属性来设置以下各项:

- 场景的坐标系和范围
- 场景的照明
- 地形的垂直夸大

2. SceneControl 类

SceneControl 控件包含了 SceneViewer 类,并提供了一些附加属性、方法和事件,包括一般的显示控制,装载 Scene 场景文档,控制三维视图,场景与视角控制等,如图 9-9 所示。

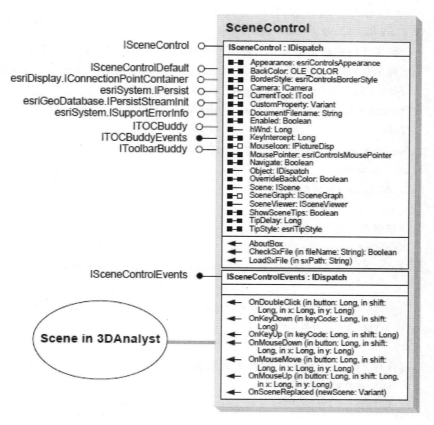

图 9-9　SceneControl 类及其接口

9.3.2　3D 分析与显示实例

本节以城市人口三维分布分析为例,讲解如何利用 ArcScene 提供的 3D 分析组件,以城市人口为 3D 要素,创建人口三维分布的三维模型,并在地图上叠加显示与浏览。

1. 添加"3D 分析"函数

3D 分析与显示实例

向 Extend 类中添加 3D 分析函数,旨在利用 WorldCities 图层中的人口信息建立三维。向 Extend 类添加类库:

```
using ESRI.ArcGIS.Geodatabase;
using ESRI.ArcGIS.Geometry;
using ESRI.ArcGIS.Carto;
```

利用 World Cities 图层中的人口等级字段创建 Tin 的代码如下:

```
//创建 TIN
  public void CreateTin(ILayer layer)
  {
```

```
    // 初始化一个新的空 TIN.
     ITinEdit TinEdit＝new TinClass();
```

//利用外包框初始化 Tin,外包框的空间范围必须设置足够大到能包含所有的参与
//构 Tin 的控件数据的范围,这里以输入图层的外包框作为构 Tin 的范围

```
    IFeatureLayer featLayer＝layer as IFeatureLayer;
    IFeatureClass pointFeatClass＝featLayer.FeatureClass;
    IEnvelope Env；
    IGeoDataset geoDataset＝pointFeatClass as IGeoDataset;
    Env＝geoDataset.Extent;
    TinEdit.InitNew(Env);
```

    //获取参与构 Tin 的属性字段
```
    IFields fields＝pointFeatClass.Fields;;
    IField field_Z＝fields.get_Field(pointFeatClass.FindField("POP_RANK"));
```

```
    TinEdit.AddFromFeatureClass(pointFeatClass, null, field_Z, null, esriTinSur-
    faceType.esriTinMassPoint);
```

    //保存 TIN 到指定位置,允许重名覆盖
```
    object overwrite＝true;
    TinEdit.SaveAs("D:\\raster\\Pop_tin", ref overwrite);
}
```

2.添加"3D 分析"事件

在主菜单"扩展功能"下拉菜单中添加"3D 分析"菜单,命名为 mi3DAnalysis,并添加单击事件。代码如下:

```
private void mi3DAnalysis_Click(object sender, EventArgs e)
{
    DataOperator dataOperator＝new DataOperator(axMapControl1.Map);
    ILayer layer＝dataOperator.GetLayerByName("World Cities");

    Extent extent＝new Extent();
    extent.CreateTin(layer);
}
```

将 3D 分析结果添加到地图,如图 9-10 所示。

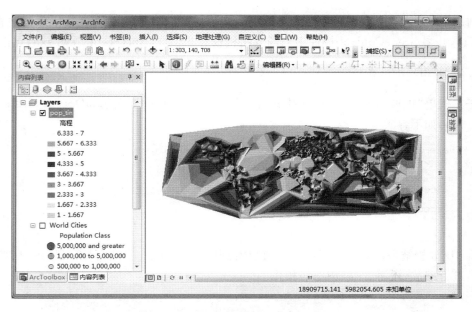

图 9-10　城市人口等级三维分析结果

3.创建三维控件窗体

向项目添加一个新的 Windows 窗体,命名为 SceneView.cs;在设计模式下,向窗体中添加 SceneControl 控件与 ToolBarControl 控件,并设置 ToolBarControl 与 SceneControl 为伙伴控件。打开 ToolBarControl 的属性,添加能实现 SceneControl 的视图控制的工具。如图 9-11 所示。

图 9-11　添加 SceneControl 与 ToolbarControl 控件

利用 ArcScene 应用程序创建一个 Scene 文件 Sceneview. sxd,在文档中添加数据文件 Pop_Tin,并将 SceneControl 控件中的场景文档设置为 D:\Data\Sceneview. sxd,点击确定。

4. 添加"3D"显示事件

在主菜单"扩展功能"下拉菜单中添加"3D 显示"菜单,命名为 mi3DScene,并添加单击事件。代码如下:

```
private void mi3DScene_Click(object sender, EventArgs e)
{
    SceneView sceneView= new SceneView();
    sceneView. Show();
}
```

将 3D 分析结果添加到场景控件中可以看到图 9-12 所示。可以利用工具条中的场景浏览工具进行缩放、漫游、三维浏览等操作。

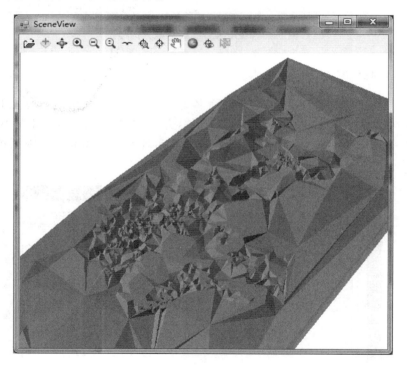

图 9-12　3D 分析结果显示与三维浏览

9.4　在 Office 中嵌入 ArcGIS Engine 开发

用户可以使用嵌入式的 GIS,在所关注的应用中增加所选择的 GIS 组件,从而为组织的任何部门提供 GIS 功能,这使得许多需要在日常工作中应用 GIS 作为一种工具的用户可以通过简单的、集中于某些方面的界面来获取 GIS 的功能。例如,嵌入式的 GIS 应用帮助用户支持远程数据采集的工作、在管理者的桌面上实现 GIS、为系统操作人员实现定制界面以及面向数据编辑的应用。

可以向 Word、Excel 等 Microsoft Office 文档中插入 ArcGIS 的控件,从而嵌入 ArcGIS 的应用。下面将向 Word 文档中插入一个 ESRI ReaderControl 控件,使得用户可以在文档中浏览地图。

1. 插入控件

打开新建一个 Word 文档,在工具栏空白处点击右键,在下拉菜单中选择"自定义功能区",如图 9-13 所示。

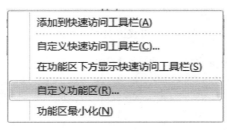

图 9-13　自定义功能区

在弹出的如图 9-14 所示的选项对话框中,可以看到自定义功能区选项卡所列的所有命令。

图 9-14　Word 选项

找到"开发工具"，并打开它，此时在 Word 菜单项中新增了"开发工具"一栏。选择控件栏，点击右下角工具集可以看到其他控件加载，如图 9-15 所示。

图 9-15　开发工具栏增添新控件

点击"其他控件"后出现如图 9-16 所示对话框。

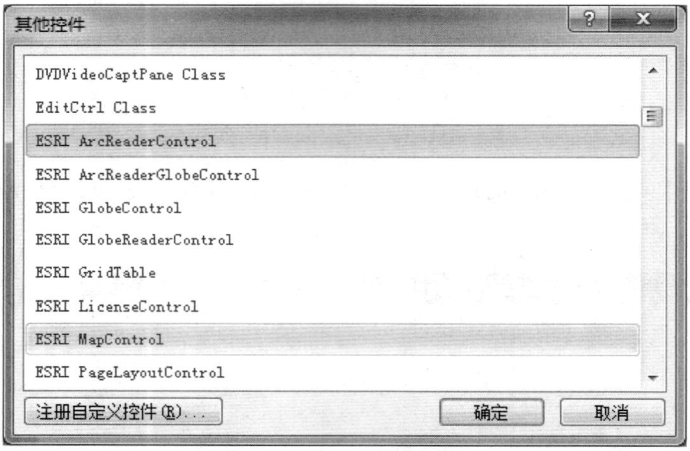

图 9-16　其他控件下拉列表

在控件列表中找到 ESRI ReaderControl 控件，按"确定"。就可以看到 Word 文档中新增加了一个控件。用同样的方式可以添加 ToolBar 控件。也可以根据自己需要添加其他相关控件。

3.设置控件属性

选中文档中的 Toolbar 控件，确保"开发工具"选项卡上的"设计模式"处于开启状态。

右击控件以打开快捷菜单，从"ESRI ToolbarControl"对象中打开下拉菜单，点击"Properties..."，打开 Toolbar 控件属性对话框，添加需要增添的数据加载、图形浏览、查询等工具。

同样打开 ReaderControl 控件的属性对话框，指定发布的地图文件 d：\Data\World. pmf。退出设计模式，这时可以看到 ReaderGlobeControl 控件中打开了指定的地图发布文件。

4.设置控件关联

在 Word 环境中无法通过设置 Toolbar 属性来确立 Toolbar 与 ArcReader 的关联关系,需要编写宏来进行设置。

点击"开发工具"的"宏",打开如图 9-17 所示的对话框。

图 9-17　VB 宏创建

创建一个"BuddyControl"的宏,并打开 Visual Basic 编辑器进行编辑。

在"工程—Project"导航窗口选择本文档对应的工程,双击打开其中的 ThisDocument 项。

在向导栏上选择"Document"对象,激活"Open"过程,新建一个 Document_Open 宏,该宏将在文档打开时被执行。

向 Document_Open 函数种添加代码,将 ReaderGlobeControl 控件同 Toolbar 控件相关联。修改后的函数如下:

```
Private Sub Document_Open()
ToolbarControl1.SetBuddyControl ReaderGlobeControl1
End Sub
```

保存文档为启用宏的 Word 文档。

5.阅读新文档

打开上述已经插入 ArcGIS 控件的文档,当 Word 弹出是否信任文档来源的提示时,选择"是"。可以看到文档中包含了指定的地图发布文件,如图 9-18 所示。点击工具栏上的各个按钮,可以对地图进行简单的浏览、查询操作。

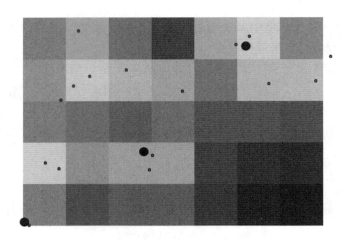

图 9-17　VB宏创建

思考与练习

1. 尝试在程序中调用 ModelBuilder 建立的工具模型。
2. 尝试利用 ArcGlobe 控件进行三维地图显示与浏览。